HELIOS MEDIA
PUBLISHING HOUSE

1. Auflage 2012

Helios Media GmbH
Werderscher Markt 13
D – 10117 Berlin
Tel + 49 (0)30/ 84 85 90
Fax + 49 (0)30/ 84 85 92 00
info@helios-media.com
www.helios-media.com

Herausgeber: depak-Presseakademie GmbH
Autoren / Redaktion: Hartwin Möhrle, Petra Hoffmann
Projektkoordination: Henrik Thiesmeyer
Satz und Layout: Sarah Schlingmeyer
Umschlaggestaltung nach Entwürfen von Marcel Franke
Umschlagbild: www.wikimedia.org, Joseph Mallord William Turner,
»Der Brand des Parlamentsgebäudes in London«
Druck: Print & Media, Möllerdamm 3, 18337 Dänschenburg
Printed in Germany   ISBN 978-3-942263-14-6

Risiko- und Krisenkommunikation

Dieses Handbuch zur Risiko- und Krisenkommunikation in der Publikationsreihe »PR-Bibliothek« der Deutschen Presseakademie vermittelt PR-Anfängern praxisorientiertes Basiswissen und PR-Profis einen vertiefenden Einblick in die Anforderungen der Kommunikation in risiko- und krisenträchtigen Situationen.

Zu den Autoren

Hartwin Möhrle

(Jahrgang 1956) ist geschäftsführender Gesellschafter und Mitbegründer der Kommunikationsagentur A&B One. Seine Schwerpunkte liegen in den Bereichen Unternehmenskommunikation, Krisen- und Risikokommunikation, Issues Management und Compliance. Er verantwortet den Kompetenzbereich Risiko- und Krisenkommunikation bei A&B One und berät unterschiedliche Branchen, Konzerne, Mittelstand und Einzelpersonen in akuten Krisen und in der Krisenprävention. Nach dem Studium der Pädagogik, Germanistik und Musik war Möhrle als Journalist und Chefredakteur tätig. Hartwin Möhrle ist Dozent am Schweizerischen PR-Institut, an der Frankfurt School of Finance & Management und ausgebildeter Coach.

Petra Hoffmann

(Jahrgang 1961) verantwortet den Kompetenzbereich Risiko- und Krisenkommunikation bei A&B One. Als Seniorberaterin mit den Schwerpunkten Krisenkommunikation und -prävention, Issues Management und Unternehmenskommunikation berät und unterstützt sie seit mehr als zehn Jahren Institutionen sowie Unternehmen aus allen Branchen in vielfältigen Krisensituationen und in der Krisenprävention. Nach dem Studium der Europäischen Ethnologie, Pädagogik und Germanistik in Marburg war Hoffmann einige Jahre in kulturhistorischen Museen als wissenschaftliche Angestellte tätig. Seit 1997 arbeitet sie in der Kommunikationsberatung, seit 2001 bei A&B One.

HARTWIN MÖHRLE / PETRA HOFFMANN

Risiko- und Krisenkommunikation

Inhaltsübersicht

Vorwort

Kompakt und auf das Wesentliche konzentriert, erläutert das Buch, wie wichtig die Integration von Risikomanagement und präventiver Kommunikation heute ist. Es zeigt die kommunikative Dynamik krisenhafter Entwicklungen in praxisnahen Szenarien auf und erläutert, wie mit intelligenten Interventionsstrategien deren negative Auswirkungen auf Reputation, Image und Wertschöpfung von Unternehmen und Institutionen gemildert oder gar verhindert werden können. Struktur und Inhalte sind dabei so angelegt, dass das Handbuch als praxisnahe Grundlage für den Aufbau und die Optimierung von präventivem Risiko- und Krisenmanagement mit kommunikativen Mitteln genutzt werden kann.

Das Buch versteht sich als praxisorientierter Ratgeber für Risiko- und Krisenkommunikation und -prävention im digitalen Zeitalter, d. h. es behandelt die klassischen Strategien und Instrumente ebenso wie die Spielregeln für den Umgang mit Krisen im Web 2.0.

Die Besonderheit des Buches besteht in einem durchlaufenden Szenario. Anhand eines fiktiven Unternehmens werden parallel zu den theoretischen Kapiteln Highlights aus der Praxis gesetzt und die beschriebenen Maßnahmen und deren Wirkung veranschaulicht. Das Szenario ist rein fiktiv. Der Sachverhalt, die Namen des Unternehmens, der Produkte und der Personen sind frei erfunden. Jegliche Ähnlichkeiten mit bestehenden Unternehmen, lebenden oder realen Personen wären rein zufällig. Allerdings basiert es auf jahrelangen praktischen Erfahrungen der Autoren aus der Beratungstätigkeit für Unternehmen und Institutionen in unterschiedlichen Branchen und kommunikativen Anforderungssituationen. Gerade in der Prävention, in Trainings und Notfallübungen hat sich der szenariobasierte Ansatz als ein besonders wirkungsvolles Instrument zum Aufbau und zur Professionalisierung von kommunikativen Risiko- und Krisenmanagementsystemen erwiesen.

Unser besonderer Dank gilt Malte Hasse, Sabine Meineke, Katja Rinkinen, Anja Berger, Lisa Reuter, Sead Husic und der Deutschen Presseakademie für ihre Unterstützung bei der Erstellung des Buches.

Berlin, 2012
Hartwin Möhrle, Petra Hoffmann

KAPITEL 1

*Risiken und Krisen
richtig managen*

Kapitel 1
Risiken und Krisen richtig managen

»A crisis (...) is a risk manifested.« Der Satz aus dem »Handbook of Risk and Crisis Communication« von Robert L. Heath und H. Dan O'Hair aus dem Jahre 2009 formuliert in geradezu atemberaubender Kürze den Ansatz für ein integriertes Risiko- und Krisenmanagement – wie es in vielen Organisationen nur lückenhaft, wenn überhaupt, vorhanden ist. Die Keimzelle der Krise ist das nicht erkannte, schlecht gemanagte oder schlicht ignorierte Risiko.

Wer heute über wirksames Issues Management, über Krisenkommunikation oder Crisis-Prepardness-Strategien spricht, muss die Frage beantworten können, wie die Risiken im Zusammenhang mit der unternehmerischen, institutionellen oder gesellschaftlichen Tätigkeit seiner Organisation insgesamt gemanagt werden. Folglich hat auch Risikomanagement nicht nur eine ökonomische und normative, sondern immer auch eine kulturelle Dimension. Entscheidend ist dabei die Balance von Risiken und den damit verbundenen Benefits. Unternehmerisches, politisches, aber auch kreatives und künstlerisches Handeln führt nur über das kalkulierte Risiko zum Erfolg. »You can´t make an omelet without breaking an egg« lautet die entsprechende Redewendung aus dem angelsächsischen Sprachraum. Und Risiko beinhaltet nun mal die Chance auf krisenhafte Entwicklungen. In diesem Sinne sind Krisen etwas völlig Normales. Solange sie uns nicht umbringen, machen sie uns in der Regel stärker. Und je normaler wir mit den wahrscheinlichen Krisen umgehen, das heißt vor allem, ihre Wahrscheinlichkeit professionell antizipieren, umso wirkungsvoller werden wir in der Lage sein, ihnen ihren tatsächlichen Schrecken zu nehmen.

Wann beginnt eine Krise?

Die meisten Krisen haben ihre Vorgeschichte. Sie beginnen in der Regel bei nicht erkannten Risiken im Unternehmen, in der Institution, in der Produktion, im Umgang mit schwierigen Themen. Oft liegt die Keimzelle der Krise auch in Trends und Entwicklungen im Markt verborgen oder in Veränderungen der für das eigene Handeln relevanten gesellschaftlichen Rahmenbedingungen. Manchmal sind es auch scheinbar harmlose Vorfälle und Ereignisse, die noch nicht auf eine potenzielle Krise schließen lassen – und doch das Risiko dazu in sich tragen. Die wenigsten der Krisenfälle, die wir in den letzten Jahren erlebt haben, sind durch unvorhersehbare und völlig überraschende Ereignisse ausgelöst worden. Die meisten hatten ihre Vorgeschichte und wären entweder zu verhindern oder wenigstens in ihrer kommunikativen Eskalation besser zu managen gewesen. In einem Fall aus der Lebensmittelindustrie waren über Jahre hinweg laxe Kontrollen zur Gewohnheit geworden. Aus dem nicht erkannten Risikofaktor wurde am Ende ein Skandal. In einem anderen Fall führte die schlichte Weigerung, die öffentlichen Diskussionen um die Legitimität jenseits der Legalität eines bestimmten Handelns im Graubereich zwischen Zuwendung und Korruption zur Kenntnis zu nehmen, ins Desaster.

Deshalb gehört das aktive Erkennen und Wissen um die potenziellen und tatsächlichen Risiken des eigenen Tuns für jeden Verantwortungsträger zur Managementpflicht. Das klingt selbstverständlich, ist es aber nicht überall. Das Managementinstrument Kommunikation spielt dabei eine bedeutende Rolle. Das betrifft den internen wie den externen Umgang mit Risikothemen. Kommunikatives Risikomanagement bildet die erste Stufe der präventiven Krisenkommunikation. Die Frühwarnung nicht nur vor potenziellen Krisen, sondern vor allem die Früherkennung und das rechtzeitige Managen potenzieller Risiken und Issues, werden schon allein deswegen immer wichtiger, weil in der öffentlichen Gesellschaft mit ihren vernetzten Medienlandschaften jedes Fehlverhalten schnell zum öffentlichen Problem, wenn auch nicht immer gleich zur Krise werden kann.

Präventives Krisenmanagement heißt heute vor allem integriertes Risiko- und Krisenmanagement. Der Kommunikation kommt hierbei gleich in zweifacher Hinsicht eine besondere Rolle zu: als Management- und als Interventionsinstrument. Bei der effizienten Vernetzung der bestehenden Systeme und ihrer zum Teil unterschiedlichen Logiken und Architekturen spielen die disziplinen- und bereichsübergreifende Kenntnis und ein darauf begründetes gesamthaftes Verständnis der Verantwortlichen für tatsächliche Risiken und potenzielle Krisen eine ganz entscheidende Rolle. Die Erfahrungen bei der Implementierung von Krisenpräventionssystemen zum Beispiel sprechen eine eindeutige Sprache: Allein die intensive gegenseitige Sensibilisierung etwa von Qualitätsmanagement und Unternehmenskommunikation für die Denke und die Anforderungen der jeweils anderen Abteilung ist schon die halbe Miete auf dem Weg zu einem funktionierenden Risiko- und Krisenmanagement. Und in den seltensten Fällen müssen beim Aufbau einer professionellen Krisenkommunikation völlig neue Strukturen und Abläufe erfunden werden. Oft bilden zum Beispiel die bereits existierenden Systeme, etwa im Qualitätsmanagement, im Bereich des Business-Continuity-Managements oder der Sicherheit, eine geeignete Blaupause auch für die Krisenkommunikation. Die Nutzung bereits vorhandener Organisationsmuster und gelernter Prozesse ist der Sache extrem zuträglich, bei der Implementierung wie in der Anwendung im Ernstfall.

Größtes Risiko: die mangelnde interne Vernetzung

Je weniger die Nervenstränge der Organisation untereinander verknüpft sind, desto größer sind die potenziellen Risiken für Unternehmen und die sie führenden Personen. Die Finanzkrise hat ausreichend Bespiele dafür geliefert, dass mit dem in der Branche geläufigen Risk Management nicht zwingend auch die lückenlose Vernetzung mit dem Krisenmanagement respektive der Krisenkommunikation gemeint ist. Es ist nicht so, dass es grundsätzlich an Vorkehrungen und Systemen mangelt, die potenzielle Risiken und Fehler in Produktion und Vertrieb, in Handeln, Planung und Kontrolle versuchen zu vermeiden. Auch an Notfall-plänen und -übungen, an Sicherheitskonzepten und Kontrollroutinen herrscht nicht wirk-lich Mangel.

Doch wie gut sind diese Systeme und Strukturen miteinander vernetzt? Wie gut entwi-ckelt ist ein gesamthaftes und bereichsübergreifendes Verständnis für den Umgang mit Risiken und Krisen? Ist die Tatsache, dass ein Unternehmen aus der Finanzbranche in einer akuten Krise vergisst, das eigene Business-Continuity-Management über ihre Kommunika-tionsstrategie zu informieren, ein bloßer Zufall? Oder dass die Kommunikation vom Qua-litätsproblem mit einem Produkt nur zufällig aus einer fehlgeleiteten E-Mail eines Groß-kunden an den Vertrieb erfährt? Nicht zu vergessen der ganz besonders »stille« Rückruf eines Produktes, bei dem schlicht vergessen wurde, die Rechtsabteilung zu informieren. Gerade bei Produktrückrufen in besonders sensiblen Bereichen, nehmen wir als Beispiel die Säuglingsnahrung, können juristisch korrekte Formulierungen in ihrer Tonalität für potenziell oder tatsächlich betroffene Konsumenten Angst einflößende, ja dramatische Wirkung entfalten. Bei solchen Themen kann schnell ein medialer Sturm mit den entspre-chenden Folgeschäden entstehen.

Mangelnde interne Vernetzung und damit auch der Austausch über eine gemeinsame und aufeinander abgestimmte Umgangsweise mit kritischen Situationen stellt vielleicht die größte Gefahr für ein wirksames Risiko- und erst recht ein Krisenmanagement dar, das seinen Namen verdient. Ein Umstand, der oft direkt mit dem Selbstverständnis und der Hal-tung der verantwortlich handelnden Personen zusammenhängt, die bei Risiko und Krise vor allem den eigenen Verantwortungsbereich im Blick haben, aber wenig bis gar nichts über mögliche kommunikative und rechtliche Kollateralschäden wissen.

»Vielmehr geht es darum, Risiken so offensiv und offen wie nötig zu managen, dass kein Share- und kein Stakeholder im Krisenfall den Eindruck gewinnt, das Management sei davon überrascht worden und hätte, weil auf diese oder jene Situation gänzlich un-vorbereitet, Schaden verursacht und Werte vernichtet. Aktives Risikomanagement ist gar nicht denkbar ohne entsprechende rechtliche Vorkehrungen zum Schutz der Organisa-tion, von Mitarbeitern, Kunden, Partnern, Öffentlichkeit und nicht zuletzt der handelnden Personen selbst. Risikomanagement zielt immer auf beides: auf das öffentliche und das rechtliche Haftungsrisiko. Wer um beides weiß, kann offensiver damit umgehen, welche Konsequenzen daraus auch immer folgen mögen. Nur abzuwarten, der Gefahr ins Auge zu sehen und zu hoffen, dass nichts ins Auge geht, wird in einer zunehmend vernetzten Kommunikationsgesellschaft immer schwieriger.«[1]

---

1   Vgl. Möhrle, Hartwin / Schulte, Knut (Hg.): Zwei für alle Fälle – Handbuch zur optimalen Zusammenarbeit von Juristen und Kommunikatoren, Frankfurt am Main 2011, S. 13

Risiken kommunikativ managen

Die Frage ist immer die gleiche: Wie kann ich eine Krise verhindern? Eine Grundregel lautet: indem ich mich möglichst nicht von einer überraschen lasse. Damit nicht aus der bloßen Überraschung heraus die Fehler gemacht werden, die aus einem kleinen Buschfeuer einen Steppenbrand machen.

In guter Absicht wurden und werden zum Teil hochkomplexe Issues-Management- und Präventionssysteme geschaffen und für alle erdenklichen Krisen Handlungsanweisungen, Textbausteine, Checklisten und Notfallkommunikationspläne in die Schubladen der Organisationen gelegt. Mit insgesamt eher mäßiger Konsequenz folgt daraus das eine oder andere Krisentraining und eine jährliche Notfallsimulation, um die Ablaufsysteme zu verbessern und Management wie Mitarbeitern in Erinnerung zu rufen, dass die Katastrophen der anderen, über die sie heute in der Zeitung lesen, morgen schon die eigene sein können. Das ist sinnvoll und nützlich. Wer aus Kostengründen, Bequemlichkeit oder schlichter Ignoranz immer noch darauf verzichtet, geht als Manager, Geschäftsführer oder Eigentümer heute beträchtliche wirtschaftliche, straf- und zivilrechtliche sowie reputative Risiken ein.

Ein Fall aus der Praxis: In dem Krisen- und Notfallplan des Technologie-Unternehmens X gab es die Anweisung an den Sicherheitsdienst, im Falle des Szenarios »Ausfall der Kommunikationssysteme wegen Energieausfall« niemanden mehr in das strategisch wichtige Gebäude B zu lassen. Welche Folgen diese Order im Ernstfall gehabt hätte, wurde glücklicherweise im Rahmen einer Notfallübung deutlich. So wurde den Kommunikationsleuten, die zu ihrem Notfallkommunikationssystem wollten, das sich in Gebäude B befand, Gott sei Dank nur trainingshalber stereotyp beschieden: Ihr kommt hier nicht rein. Ein fiktiver Fall? Würde bei »uns« nicht passieren? Angesichts jahrelanger Beobachtungen und Erfahrungen mag an dieser Stelle der Hinweis auf das eigene Glashaus genügen. So etwas kommt in den besten Organisationen vor.

Dabei stellt sich eine durchaus grundsätzliche Frage: Ist ein System zur Krisenverhinderung wirksam genug, das nur auf die mögliche Krise als solche fokussiert? Setzen viele Krisenpräventionssysteme nicht zu spät an? Muss der Früherkennungsstrategie für potenzielle Issues via Issues Radar, Web Watching oder auch mit traditionellen Monitoring-Instrumenten nicht immer auch eine präzise Analyse der potenziellen Risiken zugrunde liegen, die mit dem operativen, wirtschaftlichen und öffentlichen Handeln der jeweiligen Organisation insgesamt einhergehen? Die Frage ist mit einem eindeutigen Ja zu beantworten.

Solange aber das Selbstverständnis in vielen Unternehmen noch geprägt ist von dem nahezu ausschließlichen Blick auf die jeweils eigene Risiko- und Krisendefinition, ob wir von der IT sprechen, dem Risk Management, der Produktionskontrolle oder dem Qualitätsmanagement, werden die krisenträchtigen Potenziale tendenziell auch nur aus der jeweiligen Perspektive verstanden – und repräsentieren damit ein virulentes kommunikatives

Risiko. An dieser Stelle genau ist Kommunikation gefordert und damit auch die Kommunikationsverantwortlichen in Unternehmen und Institutionen. Zu deren vordringlichsten Aufgaben sollte es gehören, all diejenigen an einen Tisch zu bekommen und auf ein effizientes internes Kommunikationssystem für Risikothemen zu verpflichten, die im Ernstfall für das kommunikative Management einer Krise von erfolgskritischer Bedeutung sind.

Hier mögen die Gralshüter des investigativen Journalismus aufbegehren. Selbstverständlich hat die Öffentlichkeit das Recht auf Information. Und die freien Medien in einer demokratischen Gesellschaft haben das Recht und die Pflicht, für dessen Durchsetzung zu sorgen. Aber die Öffentlichkeit hat auch ein Recht auf richtige und wahrheitsgemäße Information. Dafür zu sorgen stehen die jeweils Verantwortlichen von Unternehmen und Institutionen in der Pflicht, auch zum Schutze von Mitarbeitern, Partnern und Kunden. Ein Aspekt, dessen Legitimität so manchem Journalisten schwerfällt zu akzeptieren. Aber das ist ein anderes Thema.

Krisenkommunikation in der vernetzten Kommunikationsgesellschaft
Welche mobilisierende Kraft die digitale und soziale Vernetzung einzelnen Gruppen oder ganzen Bevölkerungsschichten in die Hand gibt, hat die jüngere Vergangenheit eindrucksvoll bewiesen. Vom virtuellen Campaigning gut aufgestellter Organisationen wie Greenpeace, den Facebook-gestützten Oppositionsbewegungen in den arabischen Ländern bis hin zu den Smartphone-gesteuerten Randalen in Großbritannien, das Netz wird zur zentralen kommunikativen Herausforderung in der Krise.

»Build your network, before you need it.« Der Satz eines amerikanischen Bloggers hat geradezu paradigmatische Bedeutung für das Krisenmanagement im Web 2.0. Noch tun sich viele Unternehmen und Institutionen schwer damit, in der internen wie in der externen Kommunikation. Dabei gilt besonders für die Kommunikationskultur im Netz: Wer sich im Netz bewegt, sollte sich auch so verhalten wie das Netz. Ein Unternehmensblog funktioniert in der Regel nur, wenn er auch als Blog funktioniert, sprich den Mitarbeiterinnen und Mitarbeitern jene Möglichkeiten bietet, weswegen sie sich auch privat in Blogs und Foren tummeln.

Ob nun auf Twitter, auf Facebook, Xing, LinkedIn oder anderen Plattformen – sie wollen aktiv und produktiv bespielt werden. Dazu bedarf es einer klaren Strategie, der nötigen Kompetenz und der notwendigen Ressourcen. Oft ist es besser, man fängt bescheiden an, mit dem Mut zur Offenheit für wichtige Erfahrungen, auf denen man dann seine kommunikative Handlungskompetenz im Netz aufbauen und erweitern kann. Pseudo-soziales Networking kann im Zweifelsfall mehr Schaden anrichten als Nutzen stiften.

Jüngste Untersuchungen zeigen, dass die Angst vor notorischen Querulanten, Aufwieglern und sogenannten Trollen oft übertrieben ist. Bedingung hierfür sind klare Regeln und eine kompetente redaktionelle Betreuung. Sie verhindern, dass die öffentliche Diskussion innerhalb der eigenen Organisation aus dem Ruder läuft. Den Rest besorgen die ungemein wirksamen Schutzmechanismen der sozialen Selbstkontrolle – zumindest in Organisationen mit einer einigermaßen gut entwickelten Betriebs- und Kommunikationskultur.

Für die externe Kommunikation gelten ähnliche Bedingungen. Wer ins Netz geht, sollte das auch konsequent und glaubwürdig tun. Duschen ohne nass zu werden geht im Web 2.0 noch weniger als im netzwerklosen Leben. Neben der Analyse der Chancen und Vorteile, die die neue Kommunikationswelt bietet, gehört auch eine offene und schonungslose Analyse potenzieller Risiken mit dazu. Sonst führt schon ein leichter Gegenwind aus der digitalen Meinungswolke gleich zum immer wieder zu beobachtenden Schutzreflex: Abschalten. Das macht dann völlig unglaubwürdig.

Kompetenz und Souveränität als kommunikativer Akteur im Web 2.0 haben sehr viel mit Erfahrung zu tun. Deshalb ist es selten ratsam, die ersten Gehversuche im Web 2.0 ausgerechnet in einer krisenhaften Situation zu unternehmen. Die Gefahr, sei es nur durch ungelenke oder ungeschickte Kommunikation, eine kritische öffentliche Situation noch zu verschärfen, ist vergleichsweise hoch. Und die Verbreitungsdynamik im Netz bekanntermaßen ebenfalls. Zumindest sollte es für potenzielle Krisen präventiv einen externen Partner geben, der sein Know-how schnell zur Verfügung stellen kann, wenn es ernst wird.

KAPITEL 2

*Krisentypen
und typische Krisen*

KAPITEL 2
Krisentypen und typische Krisen

Die Literatur ist voll von unterschiedlichen Definitionen für Krisentypen und typischen Verläufen von Krisen. Nahezu alle sind sie in dem Bewusstsein geschrieben, dass jeder Versuch der Standardisierung und Charakterisierung bestenfalls ein Hilfsmittel ist, der unvorhersehbaren Dynamik einer Krise mit der nötigen Kühle und Rationalität zu begegnen. Denn die Erfahrung zeigt: Krisen richten sich nur selten nach wissenschaftlichen Definitionen und lassen sich ebenso selten in lineare Erklärungsraster pressen. Jede Krise verfügt über ihren ganz eigenen Charakter und Verlauf und ihr sehr spezifisches Eskalationsmomentum. Dennoch ist es sinnvoll, sich für die Vorbereitung auf eine Krise und auf einen Krisenpräventionsprozess mit einigen Grundlagen zu befassen.

Ursachen und Auswirkungen von Krisen sind mannigfaltig: Wirtschaftliche oder technisch-ökologische Krisen, Produktkrisen, innerorganisatorische, politisch-ideologische oder personale-gesellschaftliche Krisen. Sie unterscheiden sich in ihren spezifischen Inhalten und Aspekten zum Teil erheblich. Doch alle Krisen beinhalten immer auch die kommunikative Krise, die aus einem Vorfall oder aus einem Versäumnis durch das Bekanntwerden erst eine öffentliche Krise macht. Eine künstliche Trennung der strukturellen oder faktischen Krise von der kommunikativen Krise ist nur selten durchzuhalten. Vielmehr kann die kommunikative Krise eine Eigendynamik entwickeln, die durch ungeschickten Umgang mit den involvierten Öffentlichkeiten zu einer Verschlimmerung führen – oder aber im besten Falle die Krise und die potenziellen Krisenschäden mindern kann.

Modelle und Typologien sind aber durchaus hilfreiche Gedankengerüste, das umfassende Phänomen Krise greifbar zu machen, wie das folgende Beispiel zeigt:

Im Mai 2011 wurde die Öffentlichkeit vom EHEC-Virus aufgeschreckt. Im Gegensatz zu früheren Ausbrüchen dieses Darmvirus nahmen die Erkrankungen einen schweren Verlauf. Die Ursache konnte erst nach einigen Wochen identifiziert und eingedämmt werden. Diese Situation löste in der Folge mehrere Krisen gleichzeitig aus:

- Die Produktkrise: Zunächst wurde die Infektionsquelle für den EHEC-Erreger bei Gurken, Tomaten und Salaten aus Spanien vermutet. Die Bevölkerung wurde aufgefordert, diese Produkte vorsorglich zu meiden. Dies führte zu heftigen Gewinneinbrüchen vor allem bei den spanischen Produzenten. Nach weiteren Untersuchungen wurde schließlich entdeckt, dass sich der gefährliche Erreger von einem deutschen Biosprossenhof aus verbreitete.
- Aus der Produktkrise wurde eine technisch-ökologische Krise: Die vermutliche Verbreitung des Erregers über einen Biohof bot vereinzelten Medien eine ideale Angriffsfläche, die Bio-Branche an sich in Verruf zu bringen.

- Die heftigsten Auswirkungen hatte die EHEC-Epidemie auf der politisch-ideologischen Ebene: In der Krise meldeten sich Landesbehörden, Bundesinstitute und Ministerien mit teils widersprüchlichen Aussagen und Aktionen zu Wort. Schon bald verlagerte sich der Krisenkern von der Produkt- und Wirtschaftsebene auf die Kritik am Krisenmanagement und ganz grundsätzlich an dessen föderaler Struktur. Hier dürfte die EHEC-Epidemie den tiefsten und langfristigsten Vertrauensverlust hinterlassen haben.

»Typische« Krisenverläufe und -elemente

Grundsätzlich lassen sich drei sehr typische Krisenverläufe definieren:
- Die plötzlich auftretende Krise, wie zum Beispiel Unfälle, Katastrophen, Skandale
- Die schleichende Krise, die latent vorhanden ist und sich langsam aufbaut. Sie entsteht nicht selten dadurch, dass erste Krisenanzeichen nicht erkannt bzw. nicht beachtet wurden.
- Die »Wellenkrise«, die mit unterschiedlichen thematischen Variationen und Konjunkturen auftritt. Typische Beispiele dafür sind immer wiederkehrende Themen wie Gentechnik oder Atomkraft.

Wie lange eine Krise anhält und in welcher Intensität sie auftritt, ist nicht zuletzt auch abhängig von den Faktoren, die eine Krise antreiben. Einerseits wird dies bestimmt durch den Grad und die Dauer des öffentlichen und medialen Interesses an einem Krisenthema. Nach Erfahrung aus der Praxis ist es aber auch der Umgang mit den Faktoren Zeit, Dynamik, Information und Projektion, die eine Krise wesentlich beeinflussen.

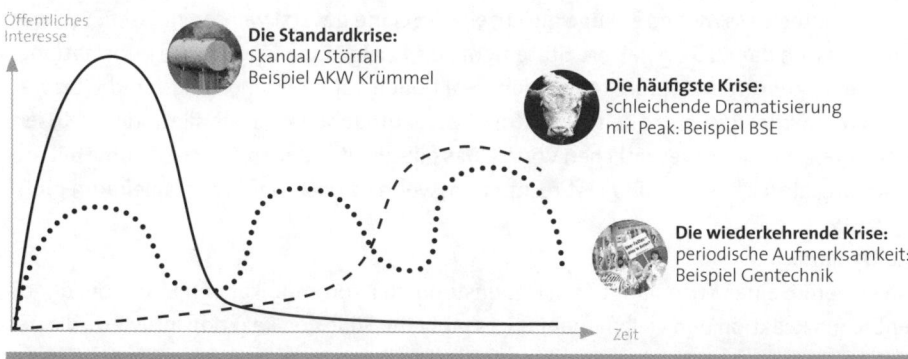

Die Standardkrise:
Skandal / Störfall
Beispiel AKW Krümmel

Die häufigste Krise:
schleichende Dramatisierung
mit Peak: Beispiel BSE

Die wiederkehrende Krise:
periodische Aufmerksamkeit:
Beispiel Gentechnik

Nicht alle Krisen treten plötzlich auf. Viele haben eine lange Vorlaufzeit oder kehren periodisch wieder. Wer hier frühzeitig handelt und geeignete Maßnahmen ergreift, hat die Chance auf ein geringeres öffentliches Interesse und eine kürzere Dauer der Krise.

Abb. 1: Typische Krisenverläufe

Krisenverläufe im Netz

Die klassischen Krisenverläufe erhalten vor allem dann eine neuen Rhythmus, wenn sich die Zuspitzungen im Netz abspielen. Trifft ein Thema auf besonders empörungswillige und im Netz gut vertretene Gruppierungen und Milieus, entsteht in der Regel extrem schnell, oft binnen weniger Stunden, ein erster Peak. Auf langsam abnehmende Diskussionsintensität können je nach Ereignis oder Anlass immer wieder solche Peaks entstehen. Entscheidend dabei sind die Breite und die öffentliche Relevanz derjenigen, die die erneuten Eskalationen generieren. Nicht immer haben einzelne »Twitter Tsunamis« die gleiche Auswirkung und Bedeutung für die gesamte Öffentlichkeit. Sie können jedoch immer wieder Auslöser sein für erneute Aufmerksamkeit auch in den klassischen Medien – und umgekehrt. Die Wechselwirkung geht potenziell in beide Richtungen. Das Besondere der Netzöffentlichkeit besteht unter anderem darin, dass sie für alle jederzeit mitverfolgbar ist. Selbst wenn in den klassischen Medien das Thema schon »durch« scheint und nur noch wenige, dafür aber mit unverminderter Intensität, ein Thema auf Temperatur halten. Schnell kann ein erneuter Anlass wieder zu hitzigen Diskussionen im Netz führen und damit auch für die klassischen Medien Anlass genug zur Berichterstattung sein. In den Zeiten vor dem Internet und den sozialen Netzen haben es solche Entwicklungen oft nicht aus der Diffusität einer zwar grollenden, aber medial nicht erkennbaren Öffentlichkeit in die Medien geschafft. Heute ist diese Gefahr latent vorhanden, solange das jeweilige Thema nicht wirklich sein krisenhaftes Aufmerksamkeitspotenzial verloren hat.

Die Zeit

Eine Krise wird bestimmt durch schnelle Aktion und Reaktion: Wird ein Issue publik, erscheinen oftmals binnen Minuten die ersten Meldungen, gehen unzählige Anfragen ein. Das bedeutet, dass mehrere Dinge gleichzeitig in Gang gesetzt werden müssen: Sachverhalte müssen dann zügig geklärt, Statements und zielgruppenspezifische Informationen formuliert, geprüft und verbreitet werden, Reaktionen aufgenommen und verarbeitet werden. Wer mit der Ressource Zeit in der Krise besser umgehen kann als alle anderen Krisenbeteiligten, hat einen wesentlichen Vorteil. Das gilt für Situationen, in denen unmittelbarer Handlungsdruck besteht, und erst recht dann, wenn es noch Handlungsspielraum gibt.

Die Dynamik

Die Dynamik einer Krise hängt vom Gegenstand, der kommunikativen Situation, der öffentlichen Reaktion und vielem mehr ab. Es gibt eine Fülle von Reaktionsmustern, die den Verlauf einer Krise bestimmen können: Welche Personen, Interessengruppen, Medien mit welchen professionellen Eigeninteressen sind involviert? Gibt es weitere Themen, die die Rezeption des Krisenthemas beeinflussen? Welche Aktionen und Äußerungen können zu einer Verschärfung der Krise führen? Welche wiederum die Krise eindampfen? Ein typischer

»Eindampfer« einer Krise ist das Eingeständnis von Fehlern, ein typischer »Krisen-Booster«
das hartnäckige Leugnen bereits öffentlich nachgewiesenen Fehlverhaltens.

Die Information

Falsche oder fehlerhafte Informationen gehören zu den kraftvollsten »Krisen-Boostern«.
Ist eine Aussage – schriftlich, mündlich oder auch als Bild – erst einmal kommuniziert, ist
es fast unmöglich, diese rückgängig zu machen. Das betrifft einerseits die Inhalte der Informationen: Die Aussage »Wir wissen es noch nicht« in der Phase unmittelbar nach dem
Ausbruch einer Krise kann besser sein als eine halbgare Teilinformation, die später korrigiert werden muss und damit die eigene Glaubwürdigkeit unterminiert. Vielfach unterschätzt wird auch die Wirkung von ungefilterten Veröffentlichungen von inhaltlich
richtigen, aber missverständlichen Formulierungen, wie zum Beispiel der Begriff »min-
dergiftig«. Ein Nicht-Fachmann wird kaum die feine Unterscheidung zwischen »Gift« und
»wenig Gift« treffen. Eine Übersetzung von Fachinformationen in klare, nachvollziehbare
und allgemeinverständliche Informationen ist unerlässlich.

Die Projektion

Krisen finden vor allem auch im Kopf statt. Sie werden getrieben von den Projektionen aller Beteiligten und Betroffenen auf das, was kommen könnte, und überlagern vielfach das,
was wirklich ist. Eine wichtige Rolle dabei spielt das Krisengedächtnis. Jede erlebte Krise
bleibt mit wenigen Kernerfahrungen im Gedächtnis der Öffentlichkeit haften. So wird die
Wahrnehmung und damit die öffentliche Dynamik einer Krise oftmals mitgetrieben von
der Erinnerung an ein sei es auch nur scheinbar vergleichbares Ereignis. Das öffentliche
Krisengedächtnis kann zum zentralen Momentum für den Verlauf und die Dynamik einer neuerlichen Krise werden.

Die »Goldenen Regeln« der Krisenkommunikation

Das erste Ziel jeder kommunikativen Intervention in einer Krise ist es, die Situation als
solche für die darin involvierten und davon betroffenen Personen zu entdramatisieren. Es
wäre vermessen zu glauben, dass es hierzu ein Patentrezept gäbe. Es gibt jedoch einige
einfach Grundprinzipien, die – werden diese beachtet – zumindest eine Verhaltensbasis
geben können, auf der jegliche Krisenkommunikation aufbauen kann:

- **Schnelligkeit:** Ein wesentliches Element ist der schnelle Informationsfluss, sowohl intern als auch extern. Es geht darum, schnell sprachfähig zu werden, um die Anfangs-
phase, in der die Ursache bzw. der genaue Sachverhalt noch untersucht wird, zu über-
brücken. Das gilt im Besonderen für das Internet und die sozialen Netze. Was in der
»alten« Medienwelt ausreichend war, ist es in der neuen in der Regel nicht. Dabei gilt
es, sehr genau zu unterscheiden, wie man in einer ersten Empörungsphase kommu-

niziert und ab wann überhaupt erst die Chance besteht, den eigenen Argumenten Wirkung zu verschaffen. Auch im weiteren Verlauf der Krise sind schnelle Aktion und Reaktion gefordert, um Eskalationen zu vermeiden oder einzudämmen.

- **Verständlichkeit:** Informationen sollten in kurzen, einfachen Sätzen kommuniziert werden. Komplexe oder komplizierte Sachverhalte müssen allgemeinverständlich zielgruppen- und situationsspezifisch »übersetzt« werden.

- **Konsistenz:** Glaubwürdigkeit kann nur hergestellt werden, wenn alle Sprecher möglichst »mit einer Stimme sprechen«. Dies wird in der Regel erreicht durch verbindliche, einheitliche Sprachregelungen.

- **Wahrhaftigkeit:** Nur Fakten kommunizieren, die der Wahrheit entsprechen. Falschinformationen und Spekulationen müssen unter allen Umständen vermieden werden. Die große Kunst in der akuten Krise besteht darin, selbst dann kommunikationsfähig zu sein und zu bleiben, wenn man noch gar nichts Qualifiziertes sagen kann oder will.

Psychologische Wirkungsweisen erkennen

Bei aller theoretischen und praktischen Vorbereitung auf Krisen wird das psychologische Krisenmomentum oftmals vergessen. Doch Krisen sind immer Grenzerfahrungen – für einzelne Personen wie auch für das Unternehmen selbst. Der Druck, der auf den handelnden Personen lastet, ist enorm hoch. Wichtige Entscheidungen müssen nicht selten auf Basis ungenügender Information innerhalb von wenigen Stunden getroffen werden. Nicht selten neigen handelnde Personen zu irrationalen Verhaltensweisen: Verdrängung der Realität, Tunnelblick, Fluchtreflexe, Abwehrverhalten oder auch Überreaktionen sind nur einige, immer wiederkehrende Muster individuellen menschlichen Verhaltens in Krisen. Das betrifft beileibe nicht nur im Krisenmanagement ungeübte Menschen, selbst Profis sind davor nicht gefeit.

Der Psychologe Thomas Strätling[2] hat die psychologischen Tiefendimensionen und deren Auswirkungen auf das Verhalten von Menschen in Krisensituationen analysiert. Er kommt zu dem Schluss, dass nur, wer sich mit den entscheidenden psychologischen Dimensionen auseinandersetzt – die der persönlichen Kompetenz und Stabilität als auch der psychologischen Dimensionen seines Wirkungsfeldes wie Branche, Produkte, Markenbilder, Zielgruppen und die eigene Unternehmenskultur –, einigermaßen darauf vorbereitet ist, krisenhafte Situationen souverän und deeskalativ zu managen.

---

2 Strätling, Thomas: Die Psychologie der Krise. In: Krisen-PR – Krisen erkennen, meistern und vorbeugen, Hartwin Möhrle (Hg.) Frankfurt am Main 2007, S. 30 ff.

KAPITEL 3

Risiko- und Krisenprävention:
Nicht nur Vorbereitung auf den Ernstfall

KAPITEL 3
Risiko- und Krisenprävention:
Nicht nur Vorbereitung auf den Ernstfall

Risikomanagement, Krisen-, Sicherheits- und Notfallpläne sowie Business-Continuity-Management gehören zur obligatorischen Grundausstattung eines Unternehmens. Doch oftmals sind Unternehmen gerade für die Krisenkommunikation – der in den letzten Jahren eine immer größere Rolle zukommt – schlecht gerüstet. Gerade funktionierende Kommunikationsstrukturen und -routinen sind aber mitentscheidend dafür, ob aus einer Krise ein Desaster wird. Ein gut eingespieltes, routiniertes Kommunikationsteam kann zwar in der Lage sein, auch ohne Ablaufpläne die eigene Arbeit zu organisieren. Aber stehen plötzlich Journalisten vor der Tür oder eskalieren Diskussionen in Internetforen, ist es auch für Kommunikationsprofis ausgesprochen hilfreich, auf ein funktionierendes Krisenmanagementsystem zurückgreifen zu können. Denn nichts kann die Arbeit mehr behindern, als gegen organisatorische Hindernisse zu kämpfen, statt sich auf den Kern der Krise und ihre Anforderungen konzentrieren zu können.

Die Voraussetzungen für eine schnelle und effektive Kommunikationsfähigkeit im Krisenfall sind:
- Kontinuierlicher Informationsfluss, valide Informationen
- Schlanke Abstimmungs- und Freigabeprozesse
- Schnelle Entscheidungsfähigkeit
- Effiziente, übergreifende Routinen in der Organisation
- Konsistente Kommunikation – One-Voice-Strategie

Um seine Wirkung entfalten zu können, muss ein kommunikatives Krisenmanagementsystem in das übergeordnete Krisenmanagement eines Unternehmens oder einer Organisation integriert sein. Nur zu oft existieren verschiedene Systeme einzelner Abteilungen nebeneinander. Dies kann auch funktionieren, wenn es darum geht, technische Prozesse oder Arbeitsabläufe zu steuern. In der Kommunikation aber – und dies gilt für die Krisenkommunikation in besonderem Maße – müssen zwangsläufig die Fäden aus allen Abteilungen zusammenlaufen. Kein Sprecher kann ohne internen Informationsfluss und Feedbacks die kommunikativen Issues bewerten, Aktionen planen und zielsicher agieren.

Die kommunikative Krisenprävention rein auf Ablaufpläne und Checklisten für eine Ad-hoc-Krise zu reduzieren, ist jedoch zu kurz gegriffen. Vielmehr muss ein Krisenpräventionssystem Steuerungs- und Lenkungsmechanismen enthalten, die eine effiziente Frühwarnung gewährleisten und Handlungsoptionen zur Eindämmung von Risiken oder möglichen Krisen erlauben.

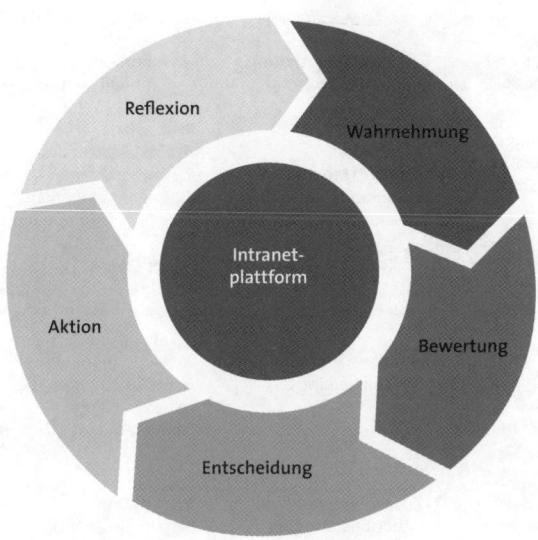

Abb. 2: Modell für ein integriertes Risiko- und Krisenmanagement

Diese Mechanismen sind:
- Wahrnehmen: Risiken und Krisen erkennen
- Bewerten: kommunikative Eskalationspotenziale richtig einschätzen
- Entscheiden: Handlungsoptionen entwickeln und Entscheidungen herbeiführen
- Aktion: die richtigen Maßnahmen umsetzen
- Reflexion: auswerten, anpassen, optimieren

Als dauerhafter, kontinuierlicher Prozess entfaltet die Krisenprävention ihre Wirkung nicht nur als Vorbereitung auf den Ernstfall, sondern wird zu einem wesentlichen Teil des kommunikativen Risiko- und Qualitätsmanagements.

Ein klassischer Krisenpräventionsprozess lässt sich in unterschiedliche Bausteine und Phasen einteilen:
- Profiling: Analyse von Risiken und potenziellen Issues aus kommunikativer Sicht
- Organisatorische Grundlagen legen: Verantwortlichkeiten, Aufgaben, Workflows, Infrastrukturen, Instrumente
- Implementierung und Training: Sensibilisieren, Prozesse und Fähigkeiten trainieren
- Frühwarnsystem: kontinuierliche Steuerung von Risiken, Handlungsspielraum bei aufziehenden Krisen

Phase 1: Profiling: Risiken, Krisen erkennen	Phase 2: Strukturen und Instrumente	Phase 3: Implementierung und Training	Phase 4: Früherkennung und Prävention
Risiko- / Krisenprofil Analyse Themen, Risiken, Krisen	Krisenorganisation Infrastruktur, Team / Sprecher, Abläufe, Check- listen	Implementierungs- workshop Kick-off, Handlungsan- weisungen, Einübung Krisensystem	Risikomanagement Aktive Risikoanalyse, Risikomanagement, Themenmanagement
Krisen-Check Bestehende Strukturen/ Systeme	Basiselemente Q&A / Textbausteine Un- ternehmen, Produkte, Produktion	Crisis-Communication- Lab, Krisensimulation, Praxistraining	Issues Check Regelmäßige Prüfung po- tenzieller Krisenthemen
Krisen-Szenarien Grundlage für Strategie- entwicklung	Aktionsplan Zentrale Medien- und Multiplikatorenkontakte, Crisis Agents	Medientrainings	Issues Management Issues Tracking Opinion Mining (Online)
Krisenforschung Analyse Krisenthemen, Einstellungen, Hinter- gründe, Wirkungswei- sen etc.	Crisis-Web-Module Online-Plattformen Social Media	Krisentrainings Situationsbezogene Teamtrainings	Prävention Regelmäßige Audits, Aktualisierung Krisen- manual
	Krisenmanual		Frühwarnsystem

Abb. 3: Phasen der Krisenprävention

Szenario 1
Krisenprävention bei der Steckerstrom

Manchmal kann Herr Wortmann schlecht schlafen. Er ist Kommunikationsleiter der Steckerstrom, die Elektrokleingeräte für den Haushalt sowohl in Deutschland als auch über Tochterunternehmen in Asien produziert. Die Produkte werden in 18 Ländern unter zwei Eigenmarken – eine davon im Premium Segment – vertrieben. Außerdem produziert die Steckerstrom für zwei bekannte Handelsmarken.

Bisher hat das Unternehmen noch keine öffentlichen Krisen erlebt, aber Herr Wortmann macht sich manchmal Gedanken darum, was wäre eigentlich, wenn etwas im Unternehmen oder bei den Produkten schieflaufen würde? So wirklich gut vorbereitet fühlt er sich nicht. Es muss etwas geschehen. Er bespricht das Thema mit dem Vorstand der Steckerstrom, Herrn Obenauf. Dieser ist nicht so ganz überzeugt, schließlich sorgen doch bereits Qualitäts- und Risikomanagement dafür, dass alles glatt laufe. Doch Herr Wortmann zählt einige Vorfälle der letzten Zeit in der Branche auf, und schließlich willigt Herr Obenauf ein, dass Herr Wortmann zunächst eine Statusanalyse vornimmt und Vorschläge zur Optimierung des Krisenmanagements unterbreitet.

3.1 Krisenprofiling: Risiken erkennen und Bewusstsein schaffen

Im Krisenprofil wird sowohl auf der inhaltlichen als auch auf der organisatorischen Ebene eine Basisanalyse erstellt, die den Ausgangspunkt für den Präventionsprozess bildet.

3.1.1 Risiko- und Issuesanalyse

Im ersten Schritt geht es darum, sich möglicher Risiko- und Krisenthemen bewusst zu werden und deren kommunikatives Eskalationspotenzial einzuschätzen. Dazu werden erfasst:

- »Faktische« Risiken. Darunter fallen alle Risiken und Themen, die sich aus dem direkten Tätigkeitsfeld des Unternehmens ergeben, z. B. im Bereich Produkte / Produktion, Dienstleistungen, Unfälle / Gewalt- und Natureinwirkungen, Datenschutz, Umweltschutz, Transport etc.
- »Markt- und Unternehmensrisiken« erfassen alle betriebswirtschaftlichen und finanziellen Risiken, inklusive Themen wie Restrukturierung, tarifliche Auseinandersetzungen, Verlust von Kundenbeziehungen, aber auch Verstöße gegen Compliance und geltendes Recht.

Diese oben genannten Risiken sind oftmals schon in bestehenden Krisenplänen, im Risiko- und Sicherheitsmanagement oder auch in Business-Continuity-Plänen erfasst und bewertet. Aber – und das macht den entscheidenden Unterschied –: Hier geht es darum, das kommunikative Eskalations- bzw. Skandalisierungspotenzial dieser Risiken zu antizipieren. Und dieses kann sich erheblich von den tatsächlichen faktischen Folgen unterscheiden. Denn was aus Sicht von Experten noch lange kein Krisenpotenzial hat, kann für die Kommunikation dramatisch negative Folgen haben.

Ein weiteres Kernstück der Analyse bilden

- »Kommunikative Issues«. Deren wesentliches Kennzeichen sind Meinungen und Wertungen, die anhand moralischer und nicht anhand unternehmerischer oder juristischer Kriterien erfolgen. Dazu gehören klassischerweise Themen wie Verbraucherschutz, Produktbewertungen, ethisches und moralisches Rechtsempfinden, Fachdispute, Verdächtigungen oder unbestätigte Beschuldigungen. Auslöser sind oftmals Gerüchte, investigative Berichte oder Diskussionen im Social Web mit einer hohen Skandalisierungswirkung.

Es sind vor allem die kommunikativen Issues, die einen immer höheren Anteil an den Krisenauslösern bilden. Dies zeigt sich aktuell besonders deutlich am Beispiel des Verbraucherschutzes: Schon der Verdacht von Mogelpackungen, Kennzeichnungsfehlern oder falschen Werbeversprechen kann Unternehmen unter Handlungsdruck setzen.

Um Eskalationspotenziale und Skandalisierungstendenzen zu erkennen und richtig einzuschätzen, müssen öffentliche, gesellschaftliche, politische Diskussionen und mediale Themenkonjunkturen im betreffenden Umfeld beobachtet und analysiert werden. Diese verändern sich ständig – also muss auch die Risikoeinschätzung ein kontinuierlicher Prozess sein.

Das Risikopotenzial wird anhand individueller Kriterien gemessen. Dies sind in der Regel:
- Hohe oder geringe öffentliche Aufmerksamkeit / Reichweite
- Höhere oder geringere negative Auswirkung auf Image und Reputation

Die identifizierten Themen und Risiken lassen sich anhand einer Issues Map veranschaulichen:

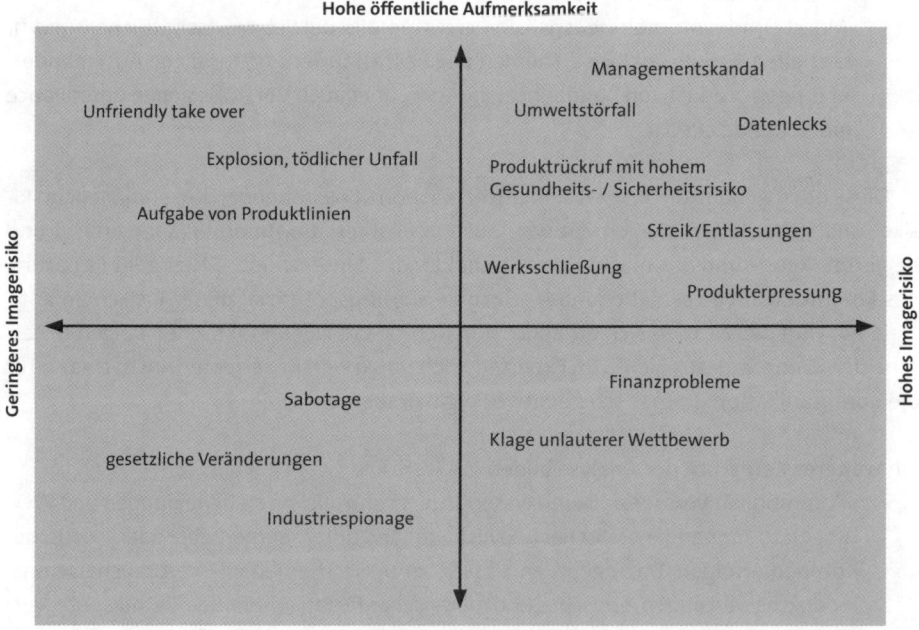

Abb. 4: Beispiel für eine Issues Map

Je nach professionellem oder kulturellem Hintergrund und den Erwartungen an das Unternehmen reagieren Zielgruppen unterschiedlich. Erfahrungsgemäß zeigen sich diese Unterschiede vor allem zwischen der Fachwelt (zu denen auch Business-Kunden zählen) und der Öffentlichkeit, aber auch zum Beispiel zwischen unterschiedlichen nationalen Mentalitäten. Von daher empfiehlt es sich, einzelne Issues Maps für relevante Zielgruppen zu erstellen.

In nicht unerheblichem Maße können Krisen von Interessen einzelner Akteure oder Akteursgruppen getrieben werden. Zur Antizipation möglicher Krisenszenarien und deren Bewältigung ist es unerlässlich, diese Akteure und deren Interessen, seien es NGOs, und Verbraucher- und Umweltschutzorganisationen, aber auch Medien, Politik und Behörden, zu kennen. Sind diese von gegenseitigem Verständnis geprägt oder aber von unterschiedlichen Meinungen und Unzufriedenheit? In diesem Zusammenhang muss man sich auch vergegenwärtigen, wie die möglichen Handlungsweisen dieser Protagonisten im Krisenfall sein könnten. In der Kontakt- und Relationsanalyse (Shareholder, Stakeholder, Medien, Experten) werden diese Gruppen erfasst und mögliche bestehende Kontakte auf ihre Qualität hin geprüft.

Analyse der Organisation und der präventiven Vorbereitung
Für die Vorbereitung der präventiven Organisation werden innerhalb der Basisanalyse auch die organisatorischen Grundlagen ermittelt und auf ihre Anschlussfähigkeit zur Krisenkommunikation hin untersucht:
* Bestehende Reporting- und Kommunikationsstrukturen und -instrumente
* Krisen- und Notfallpläne
* Kommunikationsinstrumente
* Personelle und technische Kapazitäten und Ausstattung

In großen, international agierenden Unternehmen mit einer zentralen Kommunikationsabteilung kann das Krisenprofiling in unterschiedlichen Stufen durchgeführt werden: Ausgehend vom zentralen Profil werden standardisierte Fragebögen entwickelt, die von den einzelnen Standorten oder Gesellschaften ausgefüllt werden. So kann es gelingen, dass das zentrale Kommunikationsteam einen valideren Einblick in die örtlichen Gegebenheiten erhält und diese bei der Entwicklung der Gesamtstrukturen besser berücksichtigt werden können.

Szenario 2
Issuesanalyse

Herr Wortmann analysiert, welche möglichen Risiken bei Steckerstrom bestehen. Er setzt sich mit Kollegen und Kolleginnen aus Qualitätssicherung, Produktentwicklung, Marketing, Vertrieb und Risikomanagement zusammen. Gemeinsam erstellen sie eine Liste möglicher Vorfälle. Aus fachlicher Sicht kann es – theoretisch versteht sich – neben Brand- und Stromschlaggefahren durch Produktions- oder Konstruktionsfehler zu Problemen bei Material, Technik, Zulassungen, Lieferungen etc. kommen. Auch unternehmerische Risiken und Branchenthemen werden in der Runde diskutiert. Aus früheren Medienberichterstattungen weiß Herr Wortmann, dass einige Organisationen das Thema Kinderarbeit in Kupferminen genau beobachten und recherchieren. Seine Kollegen stufen dieses Thema nicht als Risiko ein. In den Verträgen mit den Lieferanten gebe es schließlich auch einen Passus, der diese verpflichte, internationale Standards einzuhalten. Damit sei das Thema ja erledigt.

Herr Wortmann erstellt eine Issues Map und priorisiert die Risiken unter kommunikativen Gesichtspunkten. Dabei kommt er teilweise zu einer anderen Risikoeinschätzung der möglichen Issues als seine Kollegen. Er weiß, er muss interne Überzeugungsarbeit leisten, wenn er das Management für das Thema Krisenkommunikation und vor allem für kommunikative Krisen sensibilisieren will.

In den folgenden Meetings präsentiert er seine Ergebnisse und zeigt anhand unterschiedlicher Beispiele auf, wie Medien, Geschäftskunden, Verbraucher, Mitarbeiter und Politiker in möglichen Krisen reagieren könnten. Vor allem macht er deutlich, wie sich bestimmte Themen und Issues nicht nur auf die Reputation der Steckerstrom, sondern auch auf die Verkaufszahlen auswirken könnten.

In weiten Teilen kann Herr Wortmann seine Kollegen überzeugen. Bei seinen Schilderungen, wie ein Issue im Web 2.0 eskalieren könnte – vor allem auf der erst vor Kurzem eingeführten Facebook-Präsenz der Premiummarke –, erntet er jedoch zunächst Kopfschütteln. Seine Kollegen halten dieses schlicht für überzogen. »Dann schalten wir das Ding einfach ab«, schlägt einer der Abteilungsleiter vor.

Einige Tage später kommt Vorstand Obenauf auf Herrn Wortmann zu. Das Thema Social Media habe ihm doch keine Ruhe gelassen. Er hat sich zu Hause von seinen Töchtern einen Facebook-Crashkurs geben lassen. Nun ist er etwas beunruhigt und bittet seinen Kommunikationschef um Vorschläge für präventive Maßnahmen.

3.1.2 Krisenszenarien: Den Ernstfall simulieren – und damit sensibilisieren

Szenarien ermöglichen es, ein realitätsnahes Bild einer Krise zu entwerfen. Dazu werden aus der Issues Map ein oder mehrere Themen – zum Beispiel Produktfehler, Datenlecks oder Bestechungsvorwürfe – ausgewählt und wie ein Drehbuch Schritt für Schritt durchgespielt: Ein Tanklastzug ist auf der Autobahn umgekippt, und nun tritt Flüssigkeit aus dem Tank aus. Binnen kurzer Zeit laufen die Telefone in der Unternehmenszentrale heiß. Sicherheitsbehörden, Journalisten, das Bundesumweltamt und besorgte Bürger wollen wissen, ob für ihre Gesundheit und die Umwelt eine Gefahr besteht und was das verantwortliche Unternehmen für Maßnahmen ergreifen wird, um Schäden zu verhindern oder zumindest einzudämmen. Gleichzeitig werden erste Presseberichte laut, Umweltschützer melden sich zu Wort, und schließlich will der Kunde wissen, wo seine Lieferung bleibt. Das Herzstück der Szenarien bilden die Reaktionen von Kunden, Endverbrauchern, Medien, Behörden, Bürgerinitiativen, Gewerkschaften, Anwohnern etc.

Diese Szenarien können vielfältig eingesetzt werden:
- **Sensibilisieren:** Szenarien haben durch die anschauliche Darstellung kommunikativer Wirkungen und deren Folgen eine hohe Überzeugungskraft. Von daher eignen sie sich besonders für die Sensibilisierung innerhalb der eigenen Organisation und des Kollegenkreises für die Anforderungen der Krisenkommunikation.
- **Organisatorische Grundlage legen:** Anhand der Szenarien lassen sich sehr genau die internen Aufgaben definieren, Workflows für die Krisenkommunikation und die Schnittstellen mit den involvierten Abteilungen und Verantwortlichen ausarbeiten und Informations- und Reportinglines entwickeln.
- **Interventionspläne im Vorfeld ausarbeiten:** Dazu werden für ausgewählte, standardisierbare Krisenfälle, z. B. Produktrückrufe, Datenlecks, Werksbrand, tarifliche Auseinandersetzung etc., im Vorfeld Basis-Interventionsstrategien und Aktionspläne für die Kommunikation ausgearbeitet und interne Prozesse definiert. Tritt das Krisenereignis ein, dienen diese Szenarien als »Fahrplan«, der dann natürlich an die akute Situation angepasst werden muss.

Wie Szenarien angelegt sein können, zeigt das Beispiel einer Szenariobeschreibung für den Fall eines terroristischen Anschlags.[3]

In der tabellarischen Darstellung werden in der Spalte 1 ein fiktiver Krisenfall und der mögliche Verlauf der Ereignisse beschrieben. In Spalte 2 sind die internen Prozesse und organisatorischen Aufgaben aufgelistet, Spalte 3 enthält die kommunikativen Anforderungen.

---

3   SAFE-COMMS Handbuch Krisenkommunikation im Fall eines terroristischen Anschlags für öffentliche Institutionen und Behörden. www.safe-comms.eu, März 2011

Spalte 4 kann variieren: Entweder wird sie als Agenda für den Aufbau des internen Krisenmanagementsystems genutzt, oder sie kann auch den Fahrplan für Trainings oder aktuelle To-Dos bei Interventionsszenarien enthalten.

Ablauf der Ereignisse	Koordination	Kommunikation	Trainingsaufgaben
Phase 1 – x + 1 h – Chaos			
• Freitagnachmittag explodiert eine Bombe im Parkhaus eines Einkaufszentrums in der Innenstadt. • Der im Einkaufszentrum für die Sicherheit zuständige Mitarbeiter alarmiert Polizei und Feuerwehr. • Nahezu zeitgleich informiert der Chefredakteur der Lokalzeitung die Notfallzentrale, dass ein anonymer Anrufer einen Bombenanschlag angekündigt habe. • Im Einkaufszentrum bricht Panik aus: Bei der überstürzten Flucht aus dem Zentrum werden ein Kind schwer und fünf Erwachsene leicht verletzt.	• Telefonische Benachrichtigung der Notfallzentrale. • Benachrichtigung der für Krisenmanagement zuständigen Behörde von dem Anruf. • Alarmierung des Krisenkommunikationsteams.		Überprüfung der Alarmierungsverfahren: • Wer informiert das Krisenkommunikationsteam? • Wer aktiviert / bildet das Kernteam? • Welche anderen Krisenteams sind beteiligt? • Wer gibt die notwendigen Informationen an das Krisenteam weiter? Erforderliche Hilfeleistungen mobilisieren.
• Polizei, Feuerwehr und Krankenwagen treffen ein paar Minuten später ein. • Der Zugang zum Parkhaus wird durch dichten Rauch behindert. • Es ist noch nicht bekannt, wie viele Menschen sich zur Zeit der Explosion im Parkhaus befanden. Das Einkaufszentrum ist sehr voll.	• Benachrichtigung des Krisenmanagers. • Einberufung des Krisenteams. • Zusammenstellung von Informationen und Aufstellung eines Maßnahmenkatalogs. • Situationsanalyse.	• Erste interne Information an alle Mitarbeiter mit Außenkontakt. Hinweis auf zentrale Telefonnummer für Anfragen.	Analyse der Situation: • Fakten und Issues • Rettungsaktionen • Zielgruppen • Reaktionen

Abb. 5: Szenariobeispiel »Terroristischer Angriff auf die Bevölkerung«, aus: SAFE-COMMS Handbuch

3.2 Organisatorische Grundlagen legen: der Krisenkommunikationsplan

Ist die Krise eingetreten, sind Schnelligkeit und Handlungssicherheit gefordert. Im Vorfeld festgelegte Kommunikationsroutinen, klare Verantwortlichkeiten und abgestimmte Informations- und Reportingprozesse vermitteln in der akuten Krise Handlungssicherheit und gewährleisten zeitsparende Abläufe.

Zu den wichtigsten Elementen der organisatorischen Struktur gehören:

- Krisenorganisation: Krisenteam, Informations- und Reportinglines, Prozesse / Workflow
- Tools & Instrumente: Kontakt und Adresslisten von Experten, Medienverteiler, Kommunikationslogistik und Technik
- Basisinformationen: Unternehmen, Produkte, Hintergrundinformationen
- Aktionspläne

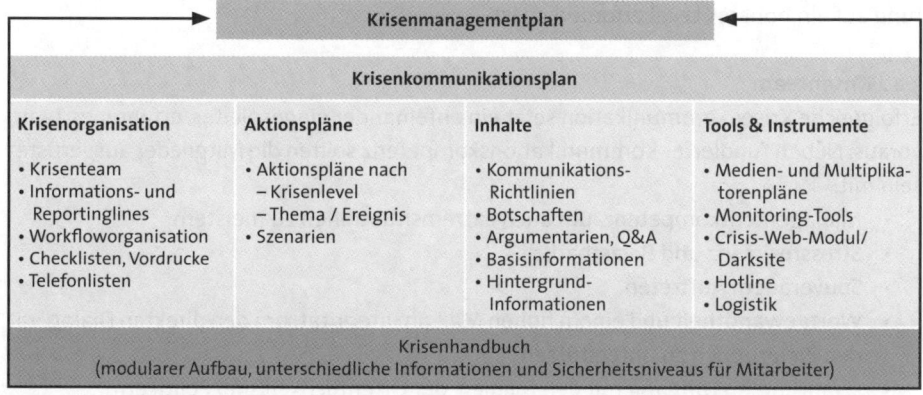

Abb. 6: Krisenkommunikationsplan

3.2.1 Krisenlevel

In größeren und komplexeren Organisationsstrukturen empfiehlt es sich, als Grundlage für die Krisenkommunikationsstruktur verschiedene Krisenlevel zu definieren, die zum Beispiel nach Reichweite und Gefährdungspotenzial unterschieden werden. Dies hat den Vorteil, dass je nach Notwendigkeit unterschiedliche Verantwortlichkeiten und Prozesse definiert werden können, um angemessen auf die jeweilige Situation reagieren zu können. Wenn es zum Beispiel an einem Standort brennt, muss nicht unbedingt der gesamte Krisenstab samt Vorstand in Aktion treten. Das kann dann durchaus auch von einem Krisenteam vor Ort gemanagt werden, das entsprechend an die Zentrale berichtet oder von dort aus unterstützt wird.

Eine häufige Einteilung erfolgt in drei Stufen:
- Low Level – umfasst in der Regel lokal begrenzte Krisen mit geringem Gefährdungs-potenzial für Image und Geschäftserfolg
- Medium Level – mit regionaler oder länderspezifischer Reichweite und mittlerem Gefährdungspotenzial für Image und Geschäftserfolg
- High Level – mit nationaler oder internationaler Reichweite und hohem Gefähr-dungspotenzial für Image und Geschäftserfolg

Die konkreten Parameter müssen für jede Organisation individuell festgelegt werden und richten sich nach dem kommunikativen Gefährdungspotenzial in der Öffentlichkeit, bei Kunden, Geschäftspartnern, Entscheidern und relevanten Meinungsbildnern. Doch können Krisen einen unerwarteten Verlauf nehmen, aus einem kleinen Brand vor Ort plötz-lich medial eine Diskussion über die generellen Sicherheitsstandards des Unternehmens entstehen. Daher muss im Krisenverlauf kontinuierlich überprüft werden, ob eine Einstu-fung auf ein höheres Level erforderlich ist.

3.2.2 Krisenteam

Erfolgreiche Krisenkommunikation setzt ein aufeinander eingespieltes, erfahrenes Team voraus. Neben fundierter Kommunikationskompetenz sollten die Mitglieder ausgerüstet sein mit:
- Managementkompetenz, um auch Extremsituationen zu meistern
- Stressresistenz und Belastbarkeit
- Souveränem Auftreten
- Wortgewandtheit und einem hohen Maß an Integrität, um den direkten Dialog mit den Zielgruppen zu unterstützen
- Erfahrung im Umgang mit den Medien, der Öffentlichkeit und Politikern
- Guten Kontakten innerhalb des eigenen Unternehmens, aber auch in die Branche, zu Journalisten und Multiplikatoren

Unter den extremen Bedingungen einer Krise müssen die Mitglieder des Krisenteams eng zusammenarbeiten und einander gegenseitig unterstützen. Hierarchisches Denken ist im Moment der Krise fehl am Platz. Zwischenmenschliche, psychodynamische Pro-zesse können unter den extremen Bedingungen einer Krise schnell zu weiteren die Krise verschärfenden Szenarien und unnötigen Komplikationen führen. Das heißt im Klartext, dass man bei der Teambildung immer auch eventuelle Störpotenziale innerhalb des Kri-senteams beachten muss. Selbst dann, wenn es dazu führt, dass die im Alltag üblichen Aufgabenzuweisungen und Hierarchien nicht unbedingt deckungsgleich mit den Funkti-onen im Krisenteam sein müssen. So muss nicht unbedingt der Pressesprecher oder der

CEO das Krisenteam leiten – aber in jedem Fall muss der Leiter des Krisenteams die unein-geschränkte Entscheidungsgewalt haben. So gilt bei Krisenteams der Polizei unabhängig von den tatsächlichen Hierarchien: Der oder die Leiter eines Krisenteams haben im opera-tiven Krisenmanagement die ausschließliche Entscheidungsgewalt. Sie informieren ihre Vorgesetzten im Rahmen festgelegter Reportings und Meetings. Dass ein Vorgesetzter oder auch der Polizeipräsident einfach mal so in die Lage kommt und mal kurz wissen will, »wie es denn so läuft«, ist strikt untersagt. Aus gutem Grund: Vorgesetzte, die nicht konti-nuierlich in das Krisenmanagement eingebunden sind, unterminieren durch unbedachte Intervention die Autorität des gesamten Krisenteams und ein wirksames Krisenmanage-ment. Es ist nicht selten erfolgsentscheidend, dass alle Beteiligten im entscheidenden Mo-ment die Sache ohne Eitelkeiten über die eigenen Befindlichkeiten stellen. Hilfreich sind in diesem Zusammenhang eben realistische Krisentrainings, die als Assessments ange-legt werden können, um bei der Personenauswahl jene zu finden, die einer Krise professi-onell begegnen und auch als Persönlichkeit überzeugen.

Die klassischen Funktionen im Krisenkernteam sind:
- Der Krisenmanager führt das Team und trifft verantwortlich alle notwendigen Ent-scheidungen. Gleichzeitig ist er verantwortlich dafür, die Kommunikationsaktivitäten mit allen Krisenmanagementmaßnahmen zu koordinieren.
- Der Krisenkoordinator ist zuständig für die Abstimmung und den reibungslosen Infor-mationsfluss – vor allem aus und mit den involvierten Fachabteilungen – und verant-wortet die Ausarbeitung von Aktionsplänen, Stellungnahmen und Sprachregelungen.
- Der Sprecher gibt offizielle Stellungnahmen ab und beantwortet Medienfragen. Er ist das »Gesicht« der Krise.

Abhängig von der aktuellen Krise wird das Krisenteam um interne oder externe Bera-ter erweitert: Hier sind auch zum Beispiel technische Leiter, Vertriebsmitarbeiter, Wissen-schaftler aus dem Forschungs- und Entwicklungsbereich etc. zu berücksichtigen. Einerseits, um intern das Krisenteam fachlich zu unterstützen, andererseits, um gegebenenfalls auch – gemeinsam mit den Kommunikatoren – als Experten nach außen zu kommunizieren, zum Beispiel, um komplexe Sachverhalte kompetent zu vermitteln.

Als weitere Ressource sollten Krisenteams in jedem Fall über einen »äußeren Experten-zirkel« verfügen, auf den sie jederzeit zurückgreifen und sich mit diesem beraten können. Juristische Beratung ist dringend geboten, denn oft beinhaltet eine Krise nicht nur medi-ale und fachliche Aspekte, sondern womöglich auch Themen wie etwa Schadensersatz-ansprüche. Oftmals ist es auch notwendig, neben den Hausjuristen externe Fachanwälte zum Beispiel für Medienrecht, Produkthaftung oder Strafrecht gleich von Anfang an hin-zuzuziehen. Für diese Fälle sollte man die kritischen Szenarien im Vorfeld gemeinsam mit

Juristen und Fachexperten erörtern. Sobald die Krisenissues politische, gesellschaftliche oder fachfremde Themen berühren, sind externe Experten auf den verschiedenen Gebieten hilfreiche Ratgeber. Sie sind in der Lage, kritische Potenziale zu identifizieren und die richtigen Antworten darauf zu geben.

Zum Krisenteam sollten unbedingt auch einer oder mehrere Social-Media-Experten gehören, die einerseits ein qualifiziertes Monitoring sicherstellen, andererseits über genügend spezifische Erfahrungen und Kenntnisse mit Interventionsstrategien im Web. 2.0 verfügen.

Auf dem Höhepunkt einer Krise muss mit Hunderten von Anfragen per Telefon oder E-Mail gerechnet werden. Ein solcher Ansturm ist für ein reguläres Kommunikationsteam nur selten zu bewerkstelligen. Von daher ist es ratsam, bereits im Vorfeld zu überlegen, wer personell bei Aufnahme und Beantwortung von Anfragen (z. B. auch durch externe Call Center), aber auch bei der Formulierung von Texten und organisatorischen Fragen unterstützen kann. Unbedingt sollten Techniker und IT-Spezialisten verfügbar sein, die das reibungslose Funktionieren aller technischen Kommunikationseinrichtungen sowie den Internetzugang sicherstellen.

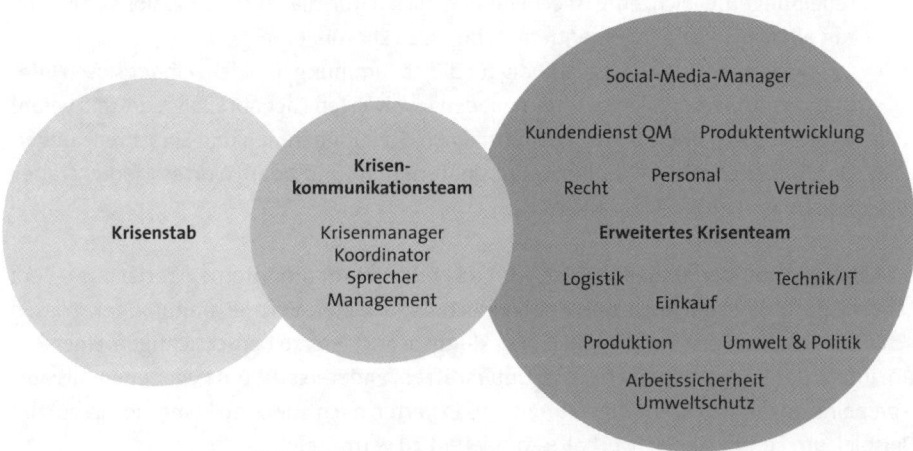

Abb. 7: Krisenkommunikationsteam und Krisenstab

Um die enge Zusammenarbeit mit dem Krisenstab zu gewährleisten, muss sichergestellt sein, dass ein oder mehrere Mitglieder des Kommunikationsteams gleichzeitig auch Mitglieder des Krisenstabes sind. Letztendlich kann nur so der dringend notwendige Informationsfluss garantiert werden.

3.2.3 Workfloworganisation

Die Workfloworganisation ist das strukturelle Herzstück des Krisenkommunikationsplans. Das Krisenteam muss dafür Sorge tragen, dass sämtliche relevanten Informationen an einer Stelle zusammengetragen werden und im entscheidenden Fall schnell zur Verfügung stehen, die fachliche Prüfung und die Freigaben zügig erfolgen. Informationsablauf und Berichtswege bilden einen ununterbrochenen Workflow. Es gilt, für die gesamte Krisenorganisation interne Strukturen, Prozesse, Zuständigkeiten und Schnittstellen im Vorfeld zu definieren. Ziel ist es, die schnelle Handlungsfähigkeit im Krisenfall nach innen und außen zu gewährleisten. Dies ist deshalb so wichtig, weil eine Krise die enge Zusammenarbeit von Mitarbeitern bedingt, die im normalen Tagesablauf nur selten zusammentreffen. Meist hatten sie bis zu diesem Zeitpunkt keine Gelegenheit, gemeinsame Arbeitsroutinen und ein Verständnis für die Anforderungen der jeweiligen Abteilungen zu entwickeln. Aber auch geübten Teamarbeitern bieten vordefinierte Strukturen Sicherheit und einen Leitfaden in Zeiten des Chaos.

Die maßgeblichen Voraussetzungen für eine schnelle Handlungsfähigkeit sind:
- Ein zuverlässiger, inhaltlich valider Informationsfluss als Basis, um die richtigen Entscheidungen zu treffen
- Funktionierende Reportinglines für reibungslose Abstimmungen und Freigaben

Für die Definition des Krisen-Workflows bedarf es in der Regel keiner Neuerfindung von Strukturen. Im Gegenteil, je mehr die unternehmensinterne Zusammenarbeit an bestehende Abläufe und Reportinglines angelehnt ist, desto erfolgversprechender ist ihr Funktionieren im Ernstfall. Oftmals reicht es auch, bereits bestehende Systeme oder Prozessvorgaben miteinander zu verbinden und Schnittstellen zu definieren. Der Ausgangspunkt für die Erarbeitung von Workflowstrukturen für die Krisenkommunikation kann ein bestehender Krisen- oder Notfallplan sein, aber auch Verfahren aus anderen Bereichen des Unternehmens, wie zum Beispiel Business Continuity, Risikomanagement oder Qualitätsmanagement.

Die Erarbeitung von Workflowstrukturen ist Detailarbeit – denn der Teufel sitzt bekanntlich genau darin. Einfacher als auf dem Reißbrett lassen sich diese Strukturen deshalb anhand unterschiedlicher Szenarien (siehe Kapitel 3.1.2) definieren. Die zentralen Fragen für die Workflowstruktur sind:
- Wie wird das Krisenteam alarmiert? Von wem und über welche Kanäle? Gibt es eine zentrale Notrufnummer? Wer wird von dort aus aktiviert?
- Wer führt die erste Situationsanalyse durch? Wer entscheidet, ob eine Krise vorliegt oder sich anbahnt?
- Wer beruft das Krisenteam ein? Wer muss innerhalb der Organisation – über das Krisenteam hinaus – informiert werden?

- Wer muss vorsorglich in Bereitschaft versetzt werden, um möglicherweise zu unterstützen?
- Wer versorgt das Krisenteam kontinuierlich mit Informationen zur aktuellen Situation, zu Krisenmanagementmaßnahmen, Hintergründen und Reaktionen? Über welche Kanäle kann sichergestellt werden, dass alle relevanten Informationen auch das Krisenteam erreichen (z. B. Intranetplattformen, Meetings)?
- Wer erarbeitet die Kommunikationsstrategie, die konkreten Maßnahmen sowie Texte? Wer entscheidet?
- Wer prüft alle Texte inhaltlich und juristisch?
- Wer gibt Strategie, Maßnahmen und schriftliche Unterlagen frei?
- Wer berichtet an wen im Hinblick auf die umgesetzten Maßnahmen und deren Wirkung (Feedback-Prozesse)?
- Wer tritt als Sprecher vor die Öffentlichkeit? Wer informiert den Sprecher?

Um einen kontinuierlichen internen Informationsfluss zu gewährleisten, müssen diese Prozesse und Schnittstellen intern überprüft sowie mit den verantwortlichen Entscheidungsträgern abgestimmt werden.

Bei der Workfloworganisation werden neben den reinen Krisenmanagementstrukturen auch jene Mitarbeiter bedacht, die nicht unmittelbar in einer Krisensituation am Geschehen beteiligt sind. Wer nicht trainiert ist, reagiert zumeist unüberlegt oder hilflos. Da wird die Telefonzentrale von drängenden Anrufern überrascht, Mitarbeiter werden auf ihrem Heimweg von Journalisten abgefangen, Außendienstler von Kunden angesprochen. Dies führt oftmals zu Verunsicherung und ungeschickten Äußerungen, die gern auch medial genutzt werden. Für diese Personengruppe sollten Verhaltenshinweise, Kontaktmöglichkeiten – und im konkreten Fall dann auch kurze Sprachregelungen – verfasst werden. Sie dienen allen als wertvolle Orientierungshilfe wie auch als klare Handlungsanweisung im Ernstfall.

Erreichbarkeit sicherstellen

Wesentlich für das Funktionieren der Abläufe ist es, die Erreichbarkeit der involvierten Personen zu gewährleisten. Für Krisenstab und Krisenteam gilt es, eine Stellvertreterregelung zu treffen, um eine 24/7-Erreichbarkeit sicher zu stellen. Die Erfahrung zeigt, dass Krisen tatsächlich eine Affinität dazu haben, am Freitagnachmittag oder an Feiertagen auszubrechen. Und was beinahe banal klingt, ist in der Realität leider oft genug ein Problem: Alle Kontaktdaten der Krisenteammitglieder, aber auch der in- oder extern Beteiligten müssen jederzeit greifbar und auf dem aktuellen Stand sein.

Internationale Koordination

Nicht zu vergessen ist natürlich die Koordination der Zusammenarbeit mit internationalen Standorten, Tochtergesellschaften und Vertriebspartnern. Krisen halten sich in der Regel nicht an Länder- oder regionale Grenzen. Das gilt nicht nur, wenn Produkte betroffen sind, die in verschiedene Länder geliefert werden. Durch die schnelle Verbreitung von Nachrichten über das Internet und über vernetzte Branchenkommunikation erreichen auch Unternehmens- und Reputationskrisen schnell die Kunden in internationalen Märkten. Sind unterschiedliche Märkte betroffen, gilt es, landesspezifische Regelungen und Kommunikationsgewohnheiten zu beachten: Dazu gehört vor allem, die Reaktionen der relevanten Zielgruppen richtig einzuschätzen (siehe dazu auch Kapitel 4: Frühwarnung / Monitoring) und mit den richtigen Mitteln darauf zu reagieren. Denn was in dem einen Land eine gute Nachricht ist, kann in einem anderen Land eine heftige negative Reaktion hervorrufen. So hat zum Beispiel vor einigen Jahren das Schuldeingeständnis eines deutschen Unternehmens in einem einzelnen Exportland zum Zusammenbruch des dortigen Marktes für das Unternehmen geführt: Es war gerade das Vertrauen in die »deutsche Wertarbeit«, das den dortigen Unternehmenserfolg ausmachte. Aber auch Produktrückrufe folgen landesspezifischen Gesetzen und Gewohnheiten. So ist es schon beinahe üblich, dass einige osteuropäische Staaten alle Produkte eines Unternehmens vom Markt nehmen, sobald für ein einzelnes Produkt ein Rückruf erfolgt. Dies verursacht gern eine Kettenreaktion in anderen Märkten.

Wichtige Partner in internationalen Krisen sind daher Tochtergesellschaften oder internationale Vertriebs- bzw. Produktionspartner. Sie kennen den eigenen Markt und können die Situation und die Wirkung des Krisenmanagements am besten beurteilen. Erfahrungsgemäß funktioniert diese Zusammenarbeit in der Krise aber auch nur, wenn genau wie in der Zentrale das Krisenmanagement vorbereitet wird.

Inwieweit das Krisenmanagementsystem 1:1 auf die internationalen Gesellschaften bzw. Partner übertragbar ist, muss abhängig von den unternehmenspolitischen und organisatorischen Rahmenbedingungen im Einzelfall entschieden werden. Unabhängig davon sollten als Minimalkonsens verbindliche Vorgaben vereinbart werden für:
- Früherkennung und Alarmierung
- One-Voice-Kommunikation
- Abstimmungsroutinen für ein koordiniertes Vorgehen
- Ansprechpartner vor Ort

Zudem sollten die internationalen Standorte und Tochtergesellschaften die Zentrale mindestens unterstützen durch:
- Monitoring der lokalen Medien, Online-Plattformen, Behörden, Zielgruppenaktivitäten

- Genaue Kenntnis der landesspezifischen Situation, Mentalität und Verhaltensregeln
- Lokale Kommunikation in der Landessprache

3.2.4 Aktionspläne

In konkreten Aktionsplänen können unterschiedliche Abläufe für einzelne Krisenlevel oder auch bestimmte Szenarien, wie zum Beispiel Unternehmensdurchsuchungen oder Produktrückrufe, definiert werden.

Die Aktionspläne enthalten die einzelnen Prozessschritte und stellen die Verantwortlichkeiten für die Durchführung, Entwurfserstellung, fachliche Prüfung, Freigabe, Informations- und Reportinglines übersichtlich dar. Diese Übersichten sind dafür gedacht, im Krisenfall einen schnell funktionierenden »Fahrplan« bei der Hand zu haben. Von daher sollten sich die Pläne auf die wesentlichen Arbeitsabläufe und Verantwortlichkeiten konzentrieren, die Details sollten lieber in praktikablen Checklisten festgehalten werden.

Ebenso ist ein Abgleich der Prozesse mit bestehenden Notfall- und Krisenplänen notwendig, um die Durchführbarkeit und Kompatibilität mit den eingespielten Abläufen sicherzustellen. Auch müssen die erarbeiteten Prozesse auf einzelne Standorte und Tochtergesellschaften ausgeweitet werden, das heißt, Abläufe und Prozesse auf die spezifischen regionalen oder organisatorischen Gegebenheiten anzupassen. Das reicht von der Festlegung von Verantwortlichkeiten und Reporting-Strukturen bis hin zur Erstellung standortbezogener Telefonlisten und klarer Handlungsanweisungen, wie die Mitarbeiter einbezogen werden können.

Szenario 3
Organisatorische Grundlagen legen

Herr Wortmann hat schließlich von der Geschäftsführung das »Go« bekommen, einen Krisenpräventionsprozess einzuleiten. Als Erstes geht er noch mal alle identifizierten Issues durch und überlegt sich, was er in welchem Fall tun müsste und was er braucht, um handlungsfähig zu sein.

Am meisten drückt ihn der Schuh an zwei neuralgischen Punkten: Woher bekommt er die richtigen Informationen, und wie bringt er die entscheidenden Leute in aller gebotenen Eile unter einen Hut? Mit Schrecken denkt er an die Abstimmungsprozesse vor der letzten Pressekonferenz, als die Geschäftszahlen noch aktualisiert werden mussten, während die Journalisten schon den Raum betraten.

Er sieht sehr schnell die Notwendigkeit, dass er für kurze Wege und schnelle Entschei-
dungsfähigkeit sorgen muss. In Frau Schnell findet er eine Verbündete. Sie ist zuständig
für Arbeitssicherheit und Werksschutz und hat die Krisenpläne für die Steckerstrom vor
einigen Jahren ausgearbeitet. Es gibt einen Krisenstab, in dem neben dem Vorstand die
Leiter der einzelnen Fachabteilungen, Vertrieb, Risikomanagement und Recht vertreten
sind. Als Erstes nimmt sie Herrn Wortmann als festes Mitglied in diesen Krisenstab auf.
Damit hat er den direkten Zugriff auf die wesentlichen Informationen, ist bei den Lage-
besprechungen dabei und kann sofort die Anforderungen an die Krisenkommunikation
vertreten. Außerdem werden gemeinsam mit den Fachabteilungen weitere Ansprech-
partner definiert, die bei Bedarf ins Krisenteam berufen werden. Ihre Aufgabe ist es, für
einen kontinuierlichen Informationsfluss aus ihren Fachabteilungen zu sorgen und In-
halte der Kommunikation fachlich zu prüfen. Um die internationale Zusammenarbeit
sicherzustellen, erstellt er einen Anforderungskatalog für die Tochtergesellschaften. Vor
allem braucht er Ansprechpartner vor Ort, die die Landessprache beherrschen, sich um
die Situationsanalyse und die Erstkommunikation vor Ort kümmern können.

3.3 Aktionsinstrumentarium

Wertvolle Hilfen im Krisenfall leisten neben der organisatorischen auch die inhaltliche und
instrumentelle Vorbereitung. Dazu gehören:
- Kommunikationsrichtlinien
- Basisinformationen
- Interventionsmedien- und Kontaktpläne
- Web-2.0-Netzwerke
- Crisis-Web-Modul
- Kommunikationslogistik

3.3.1 Kommunikationsrichtlinie und Basisinformationen

Die Kommunikationsrichtlinie beschreibt die Haltung eines Unternehmens zur Kommunikation – und speziell zur Ausrichtung der Krisenkommunikation. Sie enthält grundlegende
Aussagen zur kommunikativen Haltung: z. B. Offenheit, Transparenz, unternehmerische
Verantwortung. Ergänzt wird die Policy um die individuellen Ziele der Krisenkommunikation – etwa Schaden von Unternehmen, Mitarbeitern, Kunden und Aktionären abzuwenden.

Diese Kommunikationsrichtline entfaltet vor allem intern ihre Wirkung: Im Vorfeld
abgestimmt, bildet sie – analog zu einer Unternehmensphilosophie – den Bezugsrahmen für die gesamte Krisenkommunikation und verhindert langwierige Diskussionen
um das konkrete Vorgehen.

Journalisten wie Verbraucher verlangen verständliche Informationen. Doch oftmals liegen einem Krisenfall komplexe Prozesse und Marktbedingungen und Angebote oder Produkte zugrunde, die für Fachfremde nur schwer nachzuvollziehen sind. Auch bei Journalisten ist zu bedenken, dass in der Krise nicht immer die Fachredakteure vor der Tür stehen, sondern die Kollegen von der Newsredaktion, die täglich mit vielen Themen und Branchen zu tun haben. Dem Bedürfnis nach kurzen, verständlichen Informationen steht jedoch oftmals ein »Fachchinesisch« oder gar eine unternehmenseigene Sprache gegenüber.

Um schnell handlungsfähig zu sein, können Hintergrundinformationen zu Produkten und Angeboten, Produktionsprozessen, Rohstoffen, Marktbedingungen etc. als Textbausteine vorbereitet werden. Dabei sollte man unbedingt dem Umstand Rechnung tragen, dass die Empfänger der Informationen über unterschiedliche Wissensstände verfügen.

Zur weiteren inhaltlichen Vorbereitung dienen:

- Basis-Q&As und Kernbotschaften zum Unternehmen, seinen Produkten bzw. Angeboten
- Beispiel-Q&As auf Basis der vorbereiteten Szenarien
- Verständlich formulierte Zusammenfassungen aus Gutachten, Testreihen etc., die Stoffe und Produkte betreffen
- Darstellung, welche Maßnahmen das Unternehmen für Sicherheit, Umweltschutz etc. trifft
- Informationen zu Ansprechpartnern, je nach Szenario Biografien und Aufgabenbeschreibungen der Sprecher
- Verhaltensregeln für Szenarien, die Gefahren für die Gesundheit von Sicherheitskräften und Anwohnern bzw. Verbrauchern bergen
- Kontaktadressen, Hotline-Nummern, Ansprechpartner, ggf. Sicherheitskräfte und Ärzte

3.3.2 Interventionsmedien- und Kontaktplan

Neben den organisatorischen und inhaltlichen Vorbereitungen spielt der Aufbau von Netzwerken eine wichtige Rolle bei der präventiven Vorbereitung. Dazu gilt es zunächst, alle bestehenden Kontakte zu erfassen, hinsichtlich ihrer Kontaktqualität zu bewerten und gegebenenfalls den Kreis um neue Kontakte zu erweitern. Dazu gehören vor allem:

- Journalisten (Wirtschafts- und Fachpresse, regionale Medien)
- Relevante Multiplikatoren und Meinungsbildner
- Unabhängige Fachexperten, die als Meinungsbildner, Berater oder als »Crisis Agents« fungieren können

Unter »Crisis Agents« sind neutrale Personen zu verstehen, deren Objektivität, Kompetenz, fachliche Anerkennung und Unabhängigkeit außer Frage stehen. Diese – meist Fachexperten – können entweder aus dem Kreis der Primär- oder Sekundärmultiplikatoren des eigenen Unternehmens oder ganz bewusst aus externen Kreisen gewonnen werden. Sie können im Krisenfall als externe Instanzen wertvolle Unterstützung leisten und mit Sachargumenten (z. B. als Experten in einem Pressegespräch) auch in der Kommunikation eine aktive Rolle spielen. Wesentlich dabei ist, dass sie objektive Unterstützung leisten, die im Kontext des Geschehens auch als solche Akzeptanz findet und generiert. Denn jeglicher Versuch einer erkennbar geplanten Einflussnahme würde zur Unglaubwürdigkeit der Personen, des Unternehmens und der kommunizierten Botschaften führen. Dabei muss man aber auch durchaus mit kritischen Aussagen der Experten rechnen – doch diese unterstreichen oftmals eher die Glaubwürdigkeit, als dass sie schaden.

Mit der Erfassung von Adressen ist es allein nicht getan: Regelmäßige Treffen und Gespräche außerhalb von Krisenthemen tragen dazu bei, Netzwerke zu pflegen und Kontakte zu intensivieren. Vor allem geht es darum, die existierenden Vernetzungsstrukturen und Kommunikationsplattformen der Akteure selbst zu kennen, um sie als potenzielle Aktionsfläche und kommunikativen Wirkungsraum adäquat nutzen zu können. Das gilt ganz besonders für die Social-Media-Netzwerke, deren Bedeutung für das kommunikative Risiko- und Krisenmanagement beständig wächst.

3.3.3 Netzwerke im Web 2.0

Soziale Netzwerke und Blogs im Internet spielen für die Entstehung und den Verlauf von Kommunikationskrisen eine immer größere Rolle. Diese Netzwerke und Plattformen funktionieren nach eigenen Regeln und Gesetzen, die unbedingt beachtet werden müssen (siehe dazu Kapitel 5.6.1: Interventionsstrategien im Web 2.0). Zahlreiche Unternehmen und Institutionen unterhalten bereits eigene Präsenzen und Profile auf den wichtigsten Plattformen wie Twitter, Facebook oder Xing. Im Krisenfall sind diese Interaktionsplattformen nicht nur gefürchtete Brandbeschleuniger, Gerüchteschleudern und Empörungsmaschinen. Vorhandene und etablierte Social-Media-Präsenzen und Blogs eignen sich selbstverständlich auch, um schnell eigene Informationen zu verbreiten und mit den eigenen Informationsquellen, wie zum Beispiel dem eigenen Internetauftritt bzw. einer Interventions-Site zu verlinken.

Voraussetzung für eine effiziente Nutzung dieser Kanäle ist allerdings, dass bereits entsprechende Profile und Netzwerke eingerichtet und etabliert sind und diese zu Kommunikationszwecken auch genutzt werden. Die Mobilisierung der eigenen Netz-Community kann eine der schärfsten Waffen sein in der Krisenkommunikation. Voraussetzung dafür ist, dass es diese Community auch wirklich gibt und nicht erst im Krisenfall versucht wird, sie zu inszenieren. Das wird in der Regel schnell als nicht glaubwürdig und daher umso empörenswerter identifiziert. Instrumente, Plattformen und Akteure im Web 2.0 erst im Krisenfall einzurichten und glaubwürdig zu bespielen ist aufgrund der erforderlichen Schnelligkeit und der dazu nötigen technischen und personellen Ressourcen nur sehr schwer leistbar. Der Umgang mit sozialen Netzwerken will gelernt sein, um Kommunikationsziele adäquat zu unterstützen. Eine Krise ist der denkbar schlechteste Moment, sich auch noch als Social-Media-Greenhorn zu blamieren.

3.3.4 Crisis-Web-Modul

Ohne die Kommunikation im Internet – vor allem auch im Web 2.0 – ist Krisenkommunikation heute nicht mehr denkbar. Und mit einer Pressemeldung auf der Website ist es auch schon lange nicht mehr getan. Ein sinnvolles Crisis-Web-Modul vereint Instrumente für das interne Krisenmanagement sowie Instrumente für die externe Krisenkommunikation.

Interventionssites als externes Instrument gehören zum Standardinstrumentarium der Krisenkommunikation und -prävention. Die klassische Darksite ist eine für den Krisenfall vorbereitete »Ready to use«-Website, die innerhalb kürzester Zeit freigeschaltet werden kann. Darauf sind alle relevanten Informationen wie Basisinformationen oder Hotline- und Kontaktnummern bereits vorbereitet. Hierfür wird die Website in der Regel mit einem Content Management System (CMS) versehen, das es ermöglicht, die Site schnell mit allen aktuellen oder sich verändernden Informationen zu bestücken. Zusätzliche Tools wie ein Newsticker oder ein geschlossener Bereich für vorher festgelegte Zielgruppen verbreitern die Möglichkeiten des webbasierten Crisis Moduls. Im Krisenfall ist zu entscheiden, ob die Darksite vor die eigentliche Website geschaltet wird, diese gar temporär ersetzt oder als »kleine Lösung« die Corporate- oder Produktwebsite ergänzt.

Wichtig ist, die Auffindbarkeit der Informationen im Netz zu gewährleisten. Neben eventuell vorhandenen eigenen Präsenzen auf relevanten Web-2.0-Plattformen, die für die Distribution genutzt werden können, ist der Einsatz von Suchmaschinenmarketing (SEM) unabdingbar. Mit Hilfe einer kurzfristigen SEM-Kampagne kann ein Teil des Suchvolumens zum Krisenfall bei den großen Suchmaschinen auf das eigene Informationsangebot im Netz kanalisiert werden. In der Krise gilt erst recht, so schnell und so wirkungsvoll wie möglich zur relevanten »Source of Information« für die eigenen Stakeholder zu werden. Und dazu muss die Quelle auch gefunden werden.

Eine Darksite ist heute jedoch nur noch ein Teil einer wirksamen Interventionsstrategie im Netz der öffentlichen Meinungsbildung. Präventiv vorgehaltene Interventionsinstrumente, antizipierte und trainierte Aktions- und Interaktionsstrategien und für die Nutzung identifizierte und selektierte Kommunikationskanäle umfassen heute im Idealfall sämtliche Plattformen der vernetzten Kommunikation.

»Digital War Room« für das Krisenteam

Für alle internen Krisenmanagementprozesse bildet das Intranet die geeignete Ausgangsbasis. In einem abgeschlossenen Bereich können alle vorbereiteten Krisenpläne hinterlegt werden. Doch webbasierte Tools bieten weit mehr als die rein statische Nutzung für den schnellen Zugriff auf die vorbereiteten Organisationsstrukturen und Inhalte. Gerade im standort- und länderübergreifenden Krisenmanagement ist ein digitaler Raum für die involvierten Krisenteams die ideale Arbeitsplattform. Dort können in Echtzeit konkrete Arbeitsabläufe gemanagt, Aufgaben verteilt, alle Kommunikationsmaßnahmen und Inhalte online abgebildet, Reaktionen und Feedbacks einzelner Zielgruppen für alle involvierten Mitglieder des Teams dargestellt werden. Durch die Einrichtung unterschiedlicher Zugriffsrechte lassen sich Sicherheits-, Abstimmungs- und Entscheidungsebenen einhalten. Steht keine Intranet-Struktur zur Verfügung, können diese Tools auch als separater und geschlossener Bereich an eine vorhanden Darksite oder Website angedockt werden.

Praktikabel sind diese webbasierten Krisenmanagementtools allerdings nur dann, wenn sie schnell, einfach und zuverlässig funktionieren. Umständliche und ausschweifende Eingabe von Pflichtfeldern und zusätzlichen Informationen führen allerhöchstens dazu, dass die Tools nicht genutzt werden. Vielmehr muss eine solche Plattform – ebenso wie die Arbeit damit – klar strukturiert sein und darf zum Beispiel keine Zweifel darüber zulassen, ob ein Dokument ein Entwurf oder ein freigegebener Text ist. Von daher ist es notwendig, auch den Umgang mit einer webbasierten Plattform zu üben und in Krisentrainings einzubeziehen bzw. standortübergreifende Trainings und Simulationen über das Intranet zu managen.

3.3.5 Kommunikationslogistik
Eine der wichtigsten Aufgaben ist es, sicherzustellen, dass das Krisenkommunikationsteam erreichbar ist. Dazu bedarf es vor allem Vorbereitungen, um die mobile Kommunikationsfähigkeit herzustellen, und Vorkehrungen, um technische Kapazitäten im Krisenfall schnell ausweiten zu können.

Die Grundausstattung:
- Ausreichende Telefonleitungen und Personal für die Hotline. Dazu können bestehende Hotlines (z. B. Verbraucherhotline) genutzt werden. Für die ersten Tage der Krise kann es jedoch notwendig sein, ein externes Call Center zu engagieren, um die Masse der Anrufe bewältigen zu können. Dies geht in der Regel nicht ad hoc und muss im Vorfeld vorbereitet werden.
- Pressehotline mit eigener Rufnummer und ausreichenden Leitungskapazitäten
- Zentraler E-Mail-Account für Presseanfragen, auf den das gesamte Krisenkommunikationsteam Zugriff hat
- Schneller Zugang zur Website, um Informationen regelmäßig zu aktualisieren
- Funktionsfähige technische und organisatorische Voraussetzungen für Web-2.0-Kommunikation (Social-Media-Cockpit: Monitoring, Web Radar, Interventionstools, Accounts, Passwörter etc.)
- Mobiltelefone, Ersatzakkus, Ladegeräte
- Laptops, Tablets mit mobilem Internetzugang

Szenario 4
Aktionsinstrumentarium

Herr Wortmann und sein Kommunikationsteam machen sich nun daran, die für die Krisenkommunikation notwendigen Abläufe und Instrumente zu schaffen. Von der Texterstellung bis hin zu den organisatorischen Aufgaben wie Verteiler und die Organisation von Pressekonferenzen wird alles durchgetaktet. Dann überprüfen und klassifizieren sie ihre Kontakte zu Journalisten und Multiplikatoren, recherchieren Experten und Organisationen, die in der Krise hilfreich sein könnten – oder aber auch als kritische Player agieren. Die Abläufe und Aufgabenverteilung bei der Pressearbeit im Team sind durch die tägliche Arbeit gut eingespielt. Doch im Instrumentarium tun sich bei genauer Betrachtung Lücken auf: Fehlende Hotline- und Personalkapazitäten könnten zum Problem werden, ebenso gibt es keine zentrale E-Mail-Adresse, auf die alle Zugriff haben.

Die Internetseiten der Steckerstrom sind ganz auf die Markenkommunikation mit Endverbrauchern ausgerichtet: Werbliche Texte, hochwertige Produktabbildungen, Partytipps und Online-Spiele. Im Krisenfall ist gerade diese werbliche Tonalität kontraproduktiv. Herr Wortmann und sein Team bauen eine Darksite auf, die bei Bedarf vor die eigentliche Seite geschaltet werden kann. Einige Basisinformationen werden bereits eingepflegt: über das Unternehmen, das Qualitätsmanagement, die Produktkontrollen. Wichtig ist Herrn Wortmann, dass er und sein Team jederzeit direkten Zugriff auf die Webseiten haben und nicht auf die Erreichbarkeit eines Dienstleisters angewiesen sind.

3.4 Das Krisenmanual

Alle vorbereiteten Strukturen werden in einem Krisenmanual festgehalten, das so aufgebaut sein sollte, dass es sowohl zur Schulung und Vorbereitung als auch im konkreten Krisenfall eingesetzt werden kann. Ein Handbuch nach dem Baukastenprinzip, wie beispielsweise ein Loseblattordner, kann ohne Weiteres aktualisiert werden und ermöglicht die Zusammenstellung von Informationen je nach Bedarf, zum Beispiel für die Mitglieder des Krisenteams, aber auch in reduzierter Form für einzelne Mitarbeiter – je nach ihren Aufgaben im Krisenfall – oder Funktionen. Das Manual sollte sowohl in Papierform als auch elektronisch, wie beispielsweise im Intranet, zur Verfügung stehen.

Viele Krisenkommunikationsmanuals neigen jedoch zu ausufernden Umfängen – und sind dann in der akuten Krise im wahrsten Sinne des Wortes eher eine Last. Eine echte Hilfestellung können Manuals nur sein, wenn sie schnell funktionieren. Das kann erreicht werden durch einen übersichtlichen Aufbau, den Einsatz von Grafiken, Flow-charts und praktikablen Checklisten, die dann im Ernstfall abgearbeitet und abgehakt werden können.

Krisenmanuals sind vertrauliche Dokumente, und daher gibt es selten öffentlich zu-gängliche Anschauungsobjekte. Auf den folgenden Seiten möchten wir aber aus dem öffentlich zugänglichen »SAFE-COMMS Handbuch Krisenkommunikation im Fall eines terroristischen Anschlags für Behörden und öffentliche Institutionen«[4] einige Visualisie-rungsbeispiele geben. Dieses Manual ist aus dem SAFE-COMMS-Projekt hervorgegan-gen, das von der Europäischen Union innerhalb des Siebten Rahmenprogramms geför-dert wurde. A&B One ist deutscher Partner dieses Projektes und war mit der Erstellung des Manuals betraut. Die Basis des Handbuches bildeten die Analyse und die Evaluation der kommunikationsrelevanten Aspekte von 25 Fallstudien terroristischer Anschläge. Ziel des Projekts war es, für Behörden, öffentliche Institutionen, aber auch Unternehmen in ganz Europa konkrete Hilfestellung in der Kommunikation nach terroristischen Anschlä-gen zu geben.

Ein Krisenmanual, mit dem Behörden in ganz Europa arbeiten können, kann zwangsläu-fig nur eine Anleitung für die individuelle präventive Vorbereitung sein, die an die jeweilige Organisation und das nationale, politische, soziale und kulturelle Umfeld angepasst wer-den muss. Die Beschreibung der grundlegenden Anforderungen, beispielhaften Verfahren, Maßnahmen und konkreten Empfehlungen zu ihrer Umsetzung sind auch auf Unterneh-men und auf die gesamte Bandbreite der Krisenanforderungen anwendbar.

---

4   SAFE-COMMS Handbuch Krisenkommunikation im Fall eines terroristischen Anschlags für öffentliche Institu-tionen und Behörden. www.safe-comms.eu, März 2011

Teil 1

1. Einleitung	Zweck und Funktion des Handbuchs
2. Charakteristiken von Terroranschlägen	Analyse der spezifischen Situation und der konkreten Anforderungen
3. Gegenstrategien 4. Krisenkommunikationsmanagement	Grundlegende Strategien, Organisation, Instrumente, Tools und Fähigkeiten
5. Aktionspläne	Empfehlungen, Vorlagen für die praktische Krisenkommunikation

Teil 2

6. Krisenprävention	Präventiver Aufbau von Organisation, Instrumenten, Tools und Fähigkeiten
7. Aufbau und Koordination von Netzwerken	
8. Trainingsmodule	Training für die Krisenkommunikation
9. Szenarien	

Teil 3

10. Checklisten	Nützliche Tools für die praktische Krisenkommunikation

Abb. 8: Aufbau des SAFE-COMMS-Handbuches

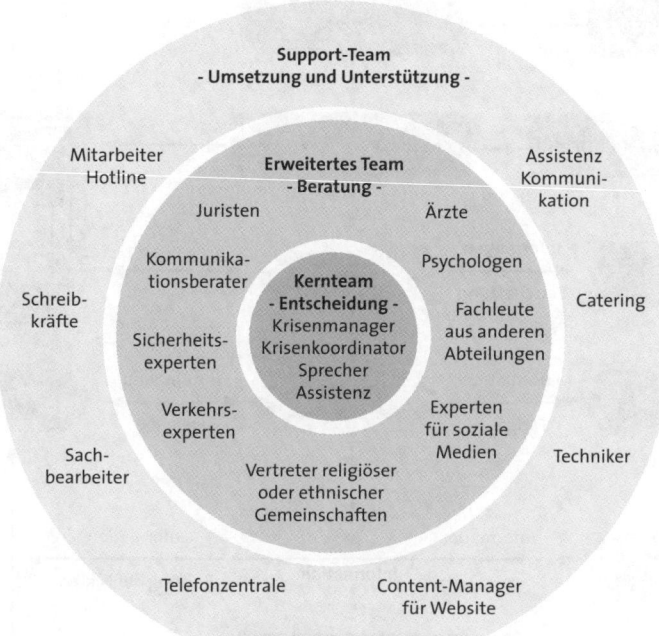

Abb. 9: Möglicher Aufbau eines Krisenteams

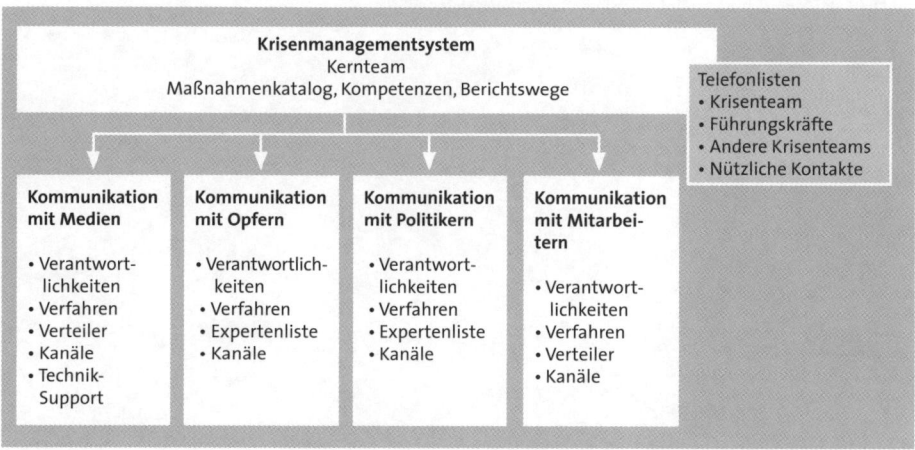

Abb. 10: Beispiel Workflowstruktur

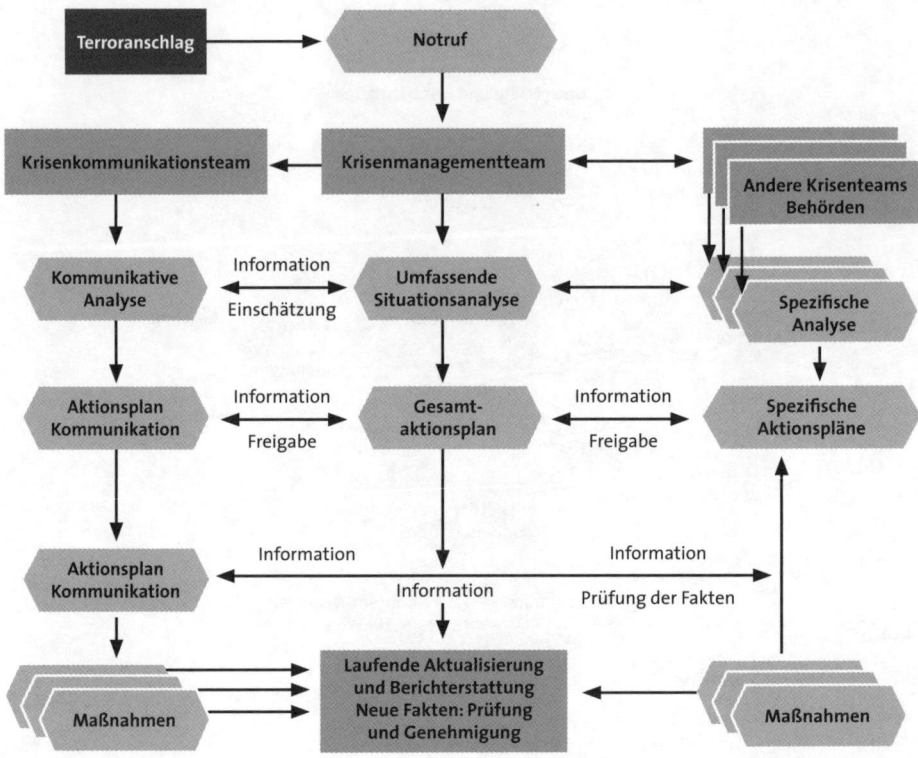

Abb. 11: Beispiel Informations- und Reportinglines

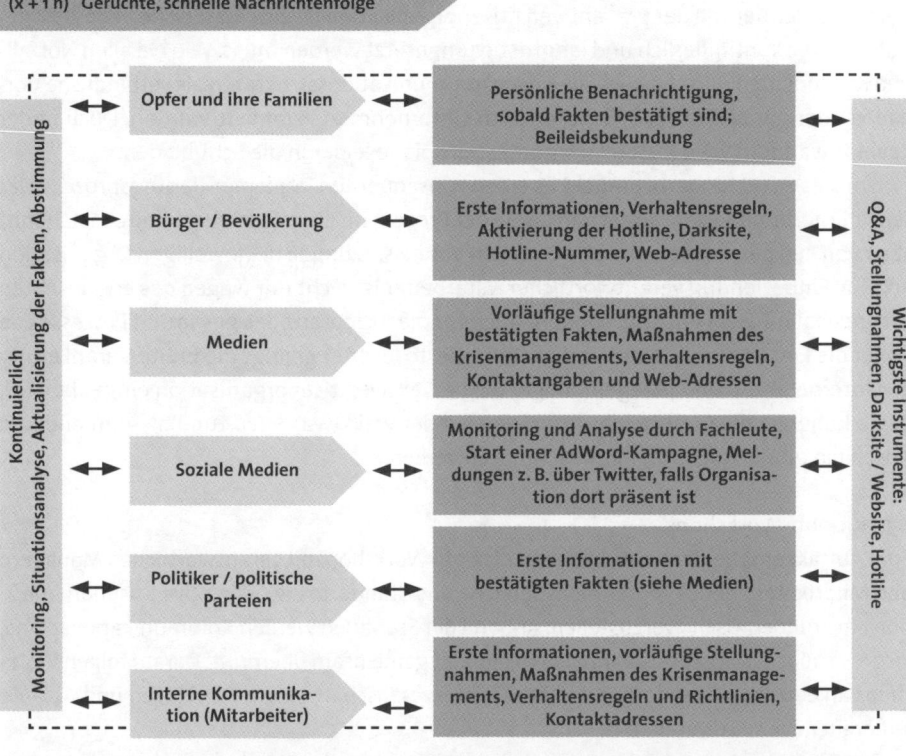

Abb. 12: Beispiel Aktionsplan

3.5 Den Ernstfall üben: Implementierung und Training

Die Implementierung der präventiven Krisenorganisation ist eine klassische »Top-down«-Aufgabe, die kontinuierlich und langfristig umgesetzt werden muss. Wie bei allen Notfall- und Krisenplänen müssen auch die Krisenkommunikationsstrukturen als verbindliche Vorgaben oder gar als formale Richtlinien im Unternehmen verankert werden. Doch in der Realität wandern viele Krisenkommunikationspläne leider in die Schubladen.

Um dies zu verhindern, braucht es einen konsequenten Implementierungsprozess, der sensibilisiert und Akzeptanz schafft. Wie der Prozess im Einzelnen zu gestalten ist, hängt stark von den personellen und strukturellen Voraussetzungen der jeweiligen Organisation ab. Eine Einbeziehung verantwortlicher Mitarbeiter ist nicht nur wegen des erwünschten »Schneeballeffekts« wichtig, sondern auch für die Akzeptanz des gesamten Prozesses. Je höher die Einsicht in die Notwendigkeit ist, desto leichter gelingt die breite Verankerung im Unternehmen. Und je regelmäßiger die präventive Krisenorganisation eingeübt wird, desto höher ist die Chance, dass zum einen jeder weiß, was er zu tun hat, zum anderen Krisen ein gutes Stück von ihrem Schrecken verlieren.

3.5.1 Kick-off-Workshops

Zum Auftakt empfiehlt es sich, in einem Kick-off-Workshop mit verantwortlichen Managern und Mitarbeitern der Unternehmensbereiche und Standorte die präventive Krisenorganisation am »runden Tisch« vorzustellen. Anhand der Szenarien werden Kommunikationspläne, Prozesse und Instrumente auf ihre Praktikabilität gemeinsam überprüft. Darauf folgen Workshops an einzelnen Standorten und bei Tochtergesellschaften, um Strukturen und Abläufe auf breiter Ebene zu verankern.

Zur Qualitätssicherung muss in jährlichen Qualitäts-Audits die Verankerung der Prozesse der Krisenkommunikation regelmäßig überprüft und aktualisiert werden. Das kann im Rahmen bestehender Audits geschehen oder in kleinen Trainingseinheiten. Auch sollte die präventive Organisation ein selbstverständlicher Teil der Einarbeitung neuer Mitarbeiter sein.

3.5.2 Trainingsformate für Krisenteam und Sprecher

Workshops und Audits sind nur ein Bestandteil der Implementierung, der wesentlich ist, um auf breiter Ebene Akzeptanz zu erreichen. Um wirklich fit zu sein für die Anforderungen einer echten Krise, heißt es üben, üben, üben.

Dazu können unterschiedliche Trainingsformate genutzt werden, die passgenau dem individuellen Bedarf sowie dem Erfahrungs- und Kenntnisstand der verantwortlichen Krisenmanager und Sprecher angepasst werden können:
- Krisenkommunikationstraining für das Krisenteam
- Basis-Medientraining

- Individuelles Intensiv-Sprechertraining
- Individuelles Krisenmanagement, Training & Coaching

Krisenkommunikationstraining für das Krisenteam

In Krisenkommunikationstrainings werden auf Basis eines Kurzszenarios mögliche Vorgehensweisen erarbeitet. Die Teilnehmer lernen, die Psychologie von Krisen zu verstehen und ihnen souverän zu begegnen: Kommunikationsziele und Kommunikationsstrategie müssen festgelegt, Kernbotschaften entwickelt und die richtigen Kommunikationsinstrumente bestimmt werden.

Zentrales Element ist das strategische und operative Management einer solchen kommunikativen Krise. In realitätsnahen Interviewsimulationen und Statements vor Kamera, Mikrofon oder am Telefon wird der Dialog mit verschiedenen Zielgruppen konkret geprobt. Es werden effektive Techniken trainiert, um selbstbestimmt die Fäden in der Hand zu behalten und kritischen Situationen vorzubeugen.

Im Training und im Kurzszenario sollten Krisenpläne und unterschiedliche kommunikative Anforderungen berücksichtigt werden, wie zum Beispiel
- Umgang mit kritischen Medien und Formaten wie z. B. Tagesmedien, Fachmedien, Social-Media-Plattformen
- Emotionale Reaktionen von Betroffenen
- Binnenkommunikation mit Geschäftspartnern und verbundenen Unternehmen
- Interner Informationsbedarf und Handlungsanweisungen für Mitarbeiter
- Je nach Szenario zum Beispiel auch die Koordination der Kommunikation mit lokalen Behörden und Rettungskräften

Auch jene Mitarbeiter, die in Krisensituationen keine Sprecherfunktion haben, lernen so die besonderen Anforderungen der Krisenkommunikation kennen und die dazu notwendigen Vorbereitungen zu verstehen. Gleichzeitig üben sie, mit Journalisten freundlich umzugehen – und dabei nichts zu sagen, sofern sie dazu nicht autorisiert sind.

Basis-Medientraining

Ein Basis-Medientraining vermittelt ein Grundverständnis für die Arbeitsweise der Medien und zeigt Erfolgsfaktoren für den Dialog mit den relevanten Öffentlichkeiten auf. In einem ausführlichen Praxisteil sollten unterschiedliche Rede-, Frage- und Antworttechniken eingeübt und die Teilnehmer auf bevorstehende Sprecherauftritte vorbereitet werden. In speziellen, auf die Anforderungen einer Krise zugeschnittenen Trainingseinheiten wird der Umgang mit kritischen Fragen und Überraschungssituationen eingeübt.

Ziel des Trainings ist es, im Umgang mit den Medien effektiver und sicherer zu werden. Damit eignet sich das Basis-Medientraining nicht nur für junge Pressesprecher und das Kommunikationsteam, sondern in besonderer Weise auch für Mitarbeiter und Verantwortliche aus anderen Abteilungen des Unternehmens, die im Krisenfall als Fachexperten gegebenenfalls Statements abgeben werden. Gerade untrainierte Experten neigen dazu, ihr ganzes Wissen in einem Interview mit komplizierten, ausschweifenden und abstrakten Formulierungen ohne erkenn- oder verstehbare Kernaussage unterbringen zu wollen. Im Basis-Medientraining wird die Fähigkeit vermittelt, komplexe Sachverhalte verständlich und fokussiert zu benennen.

Individuelles Intensiv-Sprechertraining

In der Krise ist mehr gefordert, als nur der souveräne Umgang mit den Medien: Mitarbeiterversammlung, Pressekonferenzen, Kundengespräche, Fernseh- oder Radiointerviews. Sprecher und Kommunikationsverantwortliche stehen bei diesen internen wie öffentlichen Auftritten unter einem besonderen Erwartungsdruck. Die Fähigkeit, wesentliche Inhalte zu vermitteln, einen bestimmten Punkt zu betonen, eine Begründung oder Erläuterung zu transportieren und dabei Vertrauen zu schaffen, ist eine Kunst, aber keine Gabe. Diese Fertigkeit muss trainiert und durch entsprechende Praxis ständig verfeinert werden.

Diese Trainingsform eignet sich für Pressesprecher sowie für Vorstände und Geschäftsführer. Sie kann auch genutzt werden, um das zuverlässige Zusammenspiel von Sprechern des Managements und Pressesprechern einzuüben. Die Erfahrung zeigt, dass Interviewpartner überzeugender auftreten und sich eher an die vereinbarten Absprachen halten, wenn sie von einem erfahrenen Pressesprecher gecoacht werden.

Individuelles Krisenmanagement, Training & Coaching

Personenbezogene Coachings sollten auf die Position, Rolle und das individuelle Verhalten einzelner Personen im Falle einer Krise ausgerichtet sein und die Teilnehmer über einen längeren Zeitraum coachen. Diese Trainingsformate beinhalten ein individuelles Crisis Communication Profiling, Sprech- und Medientrainings sowie individuelle Szenariotrainings.

Zum Trainingsprogramm zählen der souveräne Umgang mit kritischen Konflikt- und Krisensituationen, Rhetorik-Trainings sowie Aufbau und die Pflege von Medienkontakten.

Szenario 5
Krisentraining

Herr Wortmann hat mit viel Überredungskunst und der Beteuerung, es gebe Braten mit Spätzle zum Mittagessen, den Vorstandsvorsitzenden Herrn Obenauf und den Krisenstab davon überzeugt, ein Krisentraining durchzuführen.

Für das Training hat Herr Wortmann gemeinsam mit professionellen Medientrainern einen Fahrplan entworfen: Auf Basis eines Szenarios sollen sich die Trainingsteilnehmer auf einen gemeinsamen Kommunikationsplan einigen und Botschaften für die Kommunikation mit Presse, Kunden und Mitarbeitern entwickeln. Anschließend sollen die Teilnehmer einem kritischen Journalisten vor der Kamera Rede und Antwort stehen. Den Trainern gelingt es sehr überzeugend, den Zeitdruck der Krisensituation zu simulieren. Wie im Vorfeld verabredet lassen die Trainer die Teilnehmer zunächst allein agieren. Nach anfänglichem, ratlosem Schweigen reden alle durcheinander, während einige Fleißige bereits nervös die ihrer Meinung nach wichtigen Botschaften für das Interview vorbereiten. Die Vorschläge werden sehr kontrovers diskutiert – was Herrn Wortmann eindeutig schon zu lange dauert. Schließlich geht man doch mit drei abgestimmten Botschaften vor die Kamera.

Bei der Interview-Simulation widersprechen sich die Teilnehmer mehrfach, fallen auch auf einige Fangfragen der Trainer herein. Ein Kollege versucht sogar, durch hochgehaltene Zettel seine Mitstreiter zu unterstützen.

Nach der Einzelanalyse und dem Feedbackgespräch mit den Trainern, einer moderierten Einheit zu Aufgabenverteilung des Krisenstabs, Krisenplanerstellung und der Formulierung von zielgerichteten Botschaften verläuft die zweite Simulation schon viel sicherer und souveräner.

Herr Wortmann ist trotz des anfänglichen Durcheinanders sehr zufrieden mit dem Tag – immerhin wurde deutlich, dass die Bewältigung einer Krise trainiert werden muss und nicht aus dem Stehgreif erledigt werden kann. Beim anschließenden Bratenessen sind sich alle einig: Wir werden solche Trainings wiederholen.

3.5.3 Die Probe aufs Exempel – Krisensimulation

Trainings am »runden Tisch« – möglichst noch an einem Wochenende im Hotel – sind schön, aber nur bedingt wirkungsvoll. Wer wirklich wissen will, wie fit Unternehmen und Mitarbeiter sind, muss die Krise in Echtzeit und im laufenden Alltagsgeschäft simulieren, denn auch der Ernstfall nimmt keine Rücksicht darauf, ob gerade ein großer Auftrag abgewickelt werden muss oder ein großer Teil der Mitarbeiter im Sommerurlaub weilt.

Wirkungsvoller sind Krisensimulationen, in denen in ein- bis zweitägigen Intensivtrainings ein auf das Unternehmen zugeschnittener »Ernstfall« realitätsnah und im laufenden Betrieb simuliert wird. Den Fahrplan bilden Krisenszenarien und die präventive Krisenorganisation.

Das Training kann starten zum Beispiel durch einen simulierten Presseartikel oder vermeintliche Anrufe von Journalisten mit kritischen Fragen zu einem zuvor identifizierten Issue, die den Vorstand am Montagvormittag erreichen. Nach diesem Start agieren die Teilnehmer unter Echtzeitbedingungen. Die Alarmierungskette wird ausgelöst, Zielgruppen müssen definiert, Strategien erarbeitet, Botschaften festgelegt und Maßnahmenpakete verabschiedet werden. In die Krisensimulation werden Pressemeldungen, Telefon- und TV-Interviews eingebaut. Unterschiedliche Informationsbedürfnisse von Kunden, Behörden, Verbraucherverbänden müssen die Teilnehmer dabei ebenso berücksichtigen wie Gerüchte, Falschmeldungen und widersprüchliche Expertenmeinungen.

Simulierte Presseberichte und Hörfunkbeiträge verarbeiten die Informationen und Botschaften, die die Teilnehmer herausgeben – die Wirkung kann also unmittelbar nachvollzogen werden. Die Trainer übernehmen die Rolle von Journalisten, Kunden, Geschäftspartnern und Multiplikatoren. Und vor allem beobachten und analysieren sie, wie die Teilnehmer agieren. In separaten Reflexionseinheiten erhalten die Teilnehmer Feedbacks und wenn nötig die erforderliche Hilfestellung, um die Erfahrungen aus dem Training zu vertiefen.

Die konkrete Einübung und kognitive Verankerung der Abläufe und Instrumente im Krisenfall beinhaltet auch die zielorientierte Integration von Unternehmensbereichen wie z. B. Risiko- und Qualitätsmanagement, Vertrieb oder Marketing. Die Krisensimulation ist somit ein »Stresstest«, der einerseits das reibungslose Funktionieren und die Verankerung der präventiven Organisation überprüft und andererseits Optimierungspotenziale identifiziert.

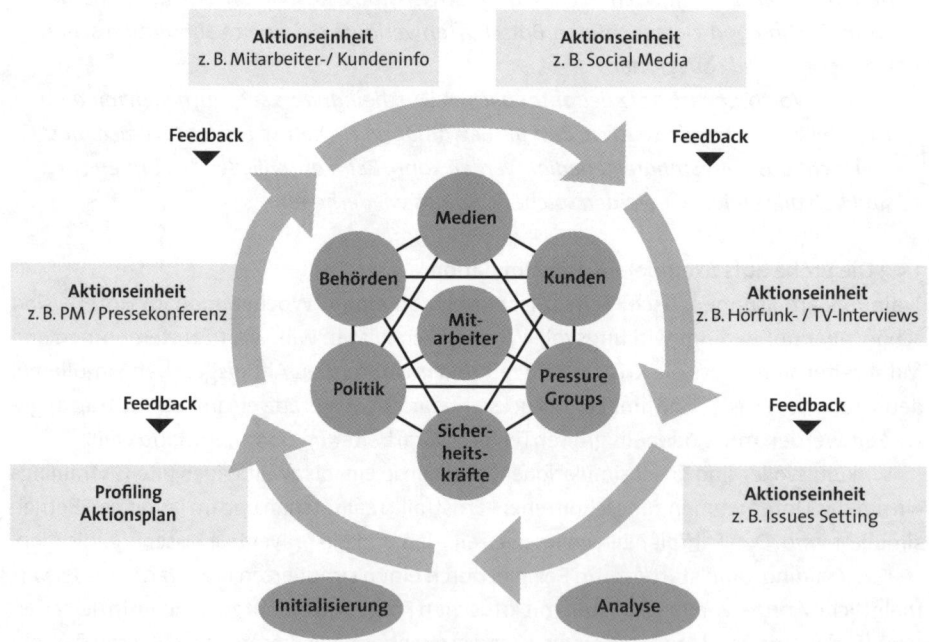

Abb. 13: Schematischer Ablauf einer Krisensimulation

3.5.4 Erfolgsfaktoren für gelungene Trainings

Sollen Trainings erfolgreich sein, müssen einige Punkte bei der Vorbereitung und der Durchführung beachtet werden:

1. Ziele definieren: Vor jedem Training sollte das Ziel des Trainings ermittelt werden: Geht es darum zu sensibilisieren, die Zusammenarbeit in Krisenteam und Krisenstab einzuüben, Prozesse zu überprüfen oder spezielle kommunikative Fähigkeiten zu schulen? Je klarer die Ziele definiert sind, desto genauer lassen sich die Trainingsform und die konkrete Umsetzung ausgestalten.

2. Teilnehmer auswählen – kleine Gruppen bilden: Die Auswahl der Teilnehmer erfolgt analog zur Zielsetzung. Ist ein Krisenteam nur zur Hälfte vertreten, macht die Einübung von Abläufen und der Zusammenarbeit wenig Sinn. Bei Trainingsformen, in denen besondere Fähigkeiten geschult werden – wie in Medien- und Sprechertrainings –, sollte die Gruppengröße nicht zu groß gewählt werden. Der Trainingserfolg ist letztendlich abhängig von dem individuellen Feedback, von der genauen Analyse der Fehler und der Möglichkeit, in Wiederholungen der Trainingseinheiten das Gelernte anzuwenden. Ist die zu trainierende Gruppe zu groß, sollten lieber mehrere Trainings parallel oder nacheinander durchgeführt werden.

3. Realistische, unternehmensspezifische Szenarien als inhaltliche Grundlage und Fahrplan: Wirkungsvolles Training braucht Inhalte. Wer keine konkrete Situation vor Augen hat, kann auch keine Botschaften überzeugend vor der Kamera vermitteln. Mindestens zur Einstimmung bzw. als inhaltliche Basis sollte für Medien- und Sprechertrainings ein Kurzszenario dienen. Die Überprüfung von Strukturen und Abläufen erfordert natürlich einen umfangreicheren, durchdeklinierten potenziellen Krisenfall. Ist ein Szenario jedoch realitätsfern oder nicht passgenau auf das Unternehmen zugeschnitten, entstehen bei den Teilnehmern schnell Ratlosigkeit oder gar Widerstände.

4. Trainer präzise briefen: Je besser sich die Trainer vorbereiten können, desto passgenauer kann auch das Training durchgeführt werden. Dazu sollten im Vorfeld das Unternehmen, seine Struktur und seine Besonderheiten, Krisenpotenziale, spezielle Informationsbedürfnisse der Zielgruppen etc. genau besprochen werden. Eine gute Grundlage bildet auch der Rückblick auf vorangegangene Krisen im Unternehmen oder in der Branche.

5. Wiederholungen: Ein einzelnes Training macht noch keinen Meister. Deshalb sollten Trainings – ob zur Teambildung oder zur Ausbildung von Kommunikationsfähigkeiten – regelmäßig, aber spätestens alle zwei Jahre wiederholt werden.

KAPITEL 4

Effektive Frühwarnung
– permanente Issues Checks

KAPITEL 4
Effektive Frühwarnung – permanente Issues Checks

Eine funktionierende Frühwarnung eröffnet den entscheidenden Spielraum, rechtzeitig intervenieren zu können, bevor aus einem Potenzial eine Krise erwächst – oder im Minimalfall die Möglichkeit, sich fundiert auf den aufkommenden Sturm vorzubereiten. Wesentliche Voraussetzung für die rechtzeitige Erkennung potenzieller Krisenherde ist ein regelmäßiges, fokussiertes Monitoring auf verschiedenen Plattformen mit nationaler und internationaler Ausrichtung. Die Standard-Medienbeobachtung allein bietet hier noch keine ausreichende Alarmierungsfunktion.

In einem effektiven Frühwarnsystem geht es vielmehr darum, Themen, Entwicklungen, Diskussionen und Player zu identifizieren, die Issues zu analysieren und auf ihr Gefährdungspotenzial sowie ihre individuelle Bedeutung für das Unternehmen hin einzuordnen. Issues Checks sind letztendlich die permanente Fortschreibung des anfangs erstellten Krisenprofils.

4.1 Die Grundlage: Beobachten, bündeln, bewerten
Der erste Schritt zum Frühwarnsystem ist die Bündelung der im Unternehmen oder der Organisation vorhandenen Monitorings.

Dazu gehören:
- Medienbeobachtung: Wirtschafts- und Tagesmedien international, national, regional; Fachpresse on- und offline
- Web-2.0-Monitoring
- Feedbacks bzw. Anfragen von Kunden und Geschäftspartnern, die auf ein potenziell kritisches Thema schließen lassen bzw. direkt hinweisen
- Ergebnisse von Marktbeobachtungen und Gesetzgebungsvorhaben, die kritische Tendenzen aufzeigen
- Aktivitäten von NGOs / Pressure Groups
- Rechtliche und ggf. Sicherheitsissues
- Interne Issues wie z. B. Bauvorhaben, Restrukturierungen, Personalabbau, Produktionsverlagerungen, Tarifverhandlungen, Finanzsituation, ggf. Kapitalmarktentwicklung

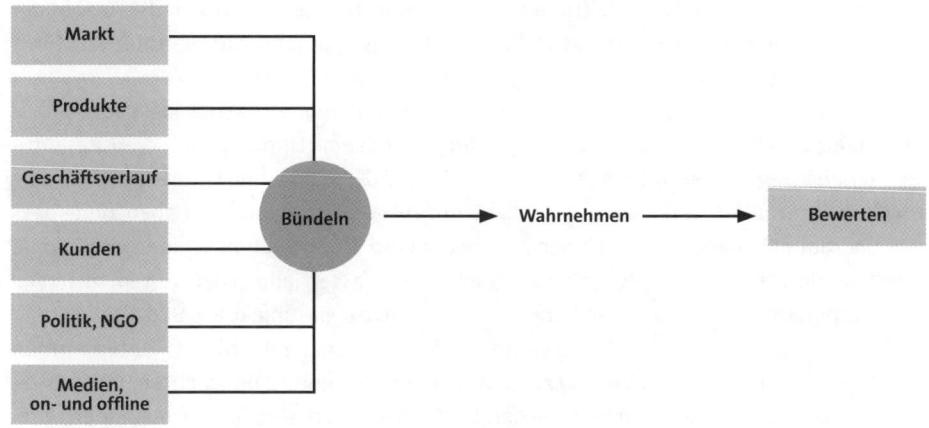

Abb. 14: Integriertes Monitoring zur Frühwarnung

Für die Identifizierung von Issues ist nicht nur das »Was«, also die Fakten, ausschlagge-bend, sondern auch das »Wie«. Das sind vor allem Meinungen und Kommentare, egal ob sie gerechtfertigt sind oder nicht. Bei Bedarf sollte auch ein spezielles Themenmonitoring aufgelegt werden, um die Entwicklung eines bestimmten Issue nachzuverfolgen.

Die Bündelung der vorhandenen Monitorings mag für viele Unternehmen zunächst ein-mal illusorisch erscheinen. Die Erfahrung zeigt jedoch, dass ein gezieltes Frühwarnsystem nach einem erfolgreich durchlaufenen Präventions- und Implementierungsprozess kein hoffungsloses Unterfangen ist. Wichtig ist nur, vorhandene Strukturen wie zum Beispiel Regelmeetings zu nutzen, um Issues zu analysieren und eine zentrale Stelle – am besten das Krisenteam – zu definieren, an der alle Fäden zusammenlaufen.

4.2 Beobachtung im Web 2.0: Opinion Mining

Kommunikative Krisen im Netz entstehen oft dort, wo es nur wenige mitbekommen: in einem unscheinbaren Blogbeitrag oder durch einen kurzen Kommentar. Entscheidend für die Eskalation ist die Frage, ob die einzelne Meinung und Kommentierung die Verbin-dung zu einem virulenten Krisenthema, zu skandalbereiten Meinungsplattformen oder Medien und so zu einer empörungsbereiten Öffentlichkeit findet. Gerade in Social-Me-dia-Formaten wird »Volkes Stimme« öffentlich, die sich vor einigen Jahren noch in dieser Härte und Offenheit lediglich an Stammtischen, Kaffeetafeln und allenfalls in Leser- oder Beschwerdebriefen Luft verschafft hat. Dort hat sie jedoch immer nur den sehr kleinen

Kreis der direkt Beteiligten erreicht. Im Web 2.0 jedoch potenzieren sich die Anzahl der Akteure und die Reichweite um ein Vielfaches. Die Aggregationskraft des Internets führt je nach Skandalpotenzial zu einer rasanten Verbreitung im Netz.

Um aufkommende Themen und Issues im Netz zu erkennen, ist das klassische »googeln« längst nicht ausreichend. Zu jedem Thema gibt es eine Unmenge von Websites, Artikeln, Blogbeiträgen oder Diskussionen. Bei der Vielzahl der Sender und Empfänger kann eine einzelne Information bereits eine erhebliche Anzahl von Usern erreicht haben, ohne dass dies überhaupt in den Suchmaschinen abgebildet wird. Denn Suchmaschinen wie Google sind zwar die Haupteinstiegsseiten in die Suche. Sie erfassen jedoch bei Weitem nicht alle Plattformen und Seiten, sondern bilden vielmehr ein quasi subjektives Bild ab.

Zur Basisausstattung des Web-2.0-Monitorings gehört es, die für das Unternehmen wichtigsten Plattformen im Vorfeld zu identifizieren, laufend zu beobachten und zu analysieren. Monitoring-Tools von entsprechenden Dienstleistern sind unter Umständen nützlich, um die betreffenden Plattformen zu identifizieren und sich einen Überblick über die in unterschiedlichen Plattformen diskutierten Themen zu verschaffen. Diese Ergebnisse können aber nur die Grundlage bilden für die qualitative Analyse, die sich auf die Meinungsbildungsfaktoren in den jeweiligen Zielgruppen konzentrieren muss.

Die Beobachtung muss sich weniger auf die Information, sondern vielmehr auf die Prüfung und Auswertung von Meinungen konzentrieren. Es gibt inzwischen eine unüberschaubare Zahl von Tools für das Social-Media-Monitoring. Zur Früherkennung potenzieller Risiken und Krisen im Netz bedarf es allerdings mehr als digitalisierter Monitoringmaschinen und mehr oder minder intelligenter Begriffs- und Themensammler, die schnell zu Datenfriedhöfen mutieren, weil sie zu wenig Aussagekraft haben und im Alltag eher belasten.

Vielmehr muss ein Web-2.0-Monitoring ein Opinion Mining liefern – das heißt eine Analyse, die

- Auskunft gibt über relevante Aktivitäten von Wettbewerb, NGOs im vormedialen Raum (Social Web, Blogs etc.),
- die Entwicklung eines Themas nachzeichnet,
- hilft, neue Themen und Trends aufzuspüren,
- Fakten und Argumente für die Bewertung von Themen- und Meinungsumfeldern, Debatten und Diskussionssträngen liefert

und damit letztendlich die Möglichkeit schafft, frühzeitig zu agieren und nicht nur zu reagieren.

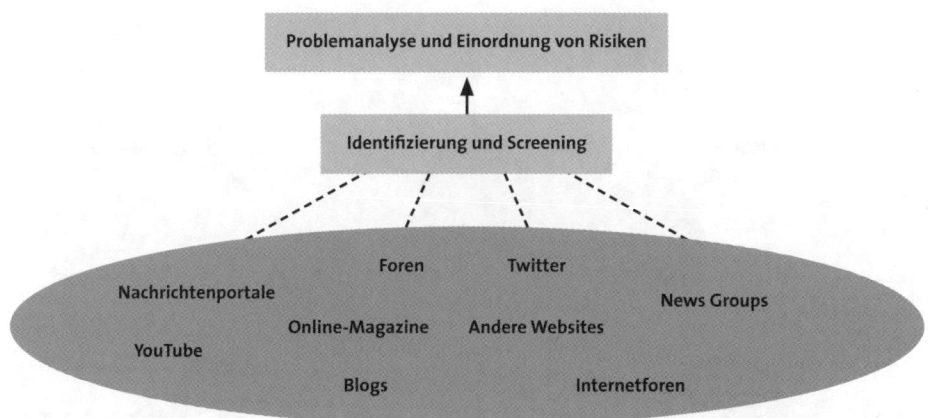

Abb. 15: Social-Media-Monitoring

Ein echtes Opinion Mining entfaltet natürlich über den Zweck der reinen Krisenprävention hinaus seine Wirkung: Es schafft Orientierung über den Status quo der Online-Kommunikation und deren Entwicklungsmöglichkeiten und liefert die Grundlagen zur Optimierung einer nachhaltigen Online-Kommunikation.

4.3 Issuesanalyse und Issues Tracking

Die im Monitoring identifizierten Themen und Issues müssen wiederum antizipiert und eingeordnet werden. Oftmals sind es Gerüchte, scheinbar nebensächliche Beobachtungen oder auch nur das ungute Gefühl im Bauch, dass da was nicht stimmen könnte. Ein bösartiger Kommentar in der Presse, eine scharfe Attacke eines Konkurrenten, sich häufende Beschwerden und Reklamationen von Kunden oder schlechte Stimmung auf den Fluren des Unternehmens, all das könnten Anzeichen eines Krisenissues sein.

Grundlage für die Analyse sind die Kriterien, auf deren Basis die Krisenlevel definiert sind. Hinzu kommen Faktoren wie Medien- und Themenkonjunkturen, aktuelle Brisanz – und unter Umständen auch lokale oder länderspezifische Rahmenbedingungen. Sehr anschaulich hat dies der Sicherheitschef eines großen Technikunternehmens erläutert: Sieht er Einschusslöcher in der Fertigungsstätte im Nahen Osten, dann hat er gelernt, ganz ruhig zu bleiben – wären diese aber in der deutschen Fabrik, würde er den Hebel sofort auf »rot« umlegen.

Anhand eines »Krisenradars« lässt sich die Entwicklung von Themen und Issues genau verfolgen: Bewegen sie sich in Richtung heiße Zone, bleiben sie latent kritisch oder geht die Tendenz hin zu einer Beruhigung und Deeskalation?

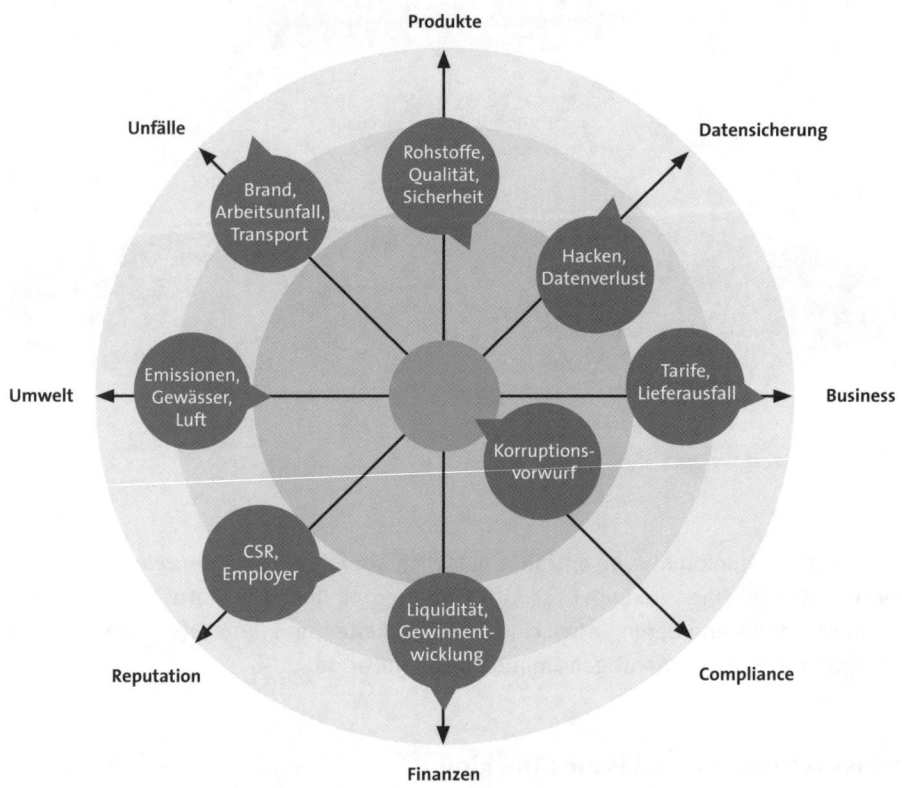

Abb. 16: Krisenradar (Beispiel)

Werden potenzielle Krisenthemen identifiziert, ist eine abwartende Haltung die häufigere, aber zumeist schlechtere Lösung. Vielmehr sollte eine »präventive Alarmbereitschaft« eingeleitet werden, um bei einer möglichen Eskalation vorbereitet zu sein. Neben der entsprechenden Information der relevanten Personen im Unternehmen gehören dazu die Klärung von Sachverhalten, die Vorbereitung von Botschaften, Hintergrundinformationen und Q&As. Je nach Issue sollten mögliche Unterstützer, z. B. Gutachter und »Crisis Agents«, bereits jetzt eingebunden werden. Und vor allem gilt es, die Möglichkeiten und Erfolgsaussichten von präventiven Interventionsstrategien, zum Beispiel durch ein gezieltes Themen- und Reputationsmanagement, zu prüfen und einzuleiten, mit denen es oftmals gelingen kann, Krisenthemen bereits im Vorfeld zu neutralisieren oder niedrig zu halten.

Szenario 6
Frühwarnung

*Nach dem Training hat Herr Wortmann selbst die letzten Skeptiker bei der Steckerstrom über-
zeugt, Krisen und vor allem die öffentliche Meinung nicht auf die leichte Schulter zu nehmen. Das gibt ihm die nötige Rückendeckung, nun auch die letzten noch offenen Punkte in
Angriff zu nehmen: die interne Frühwarnung. Er möchte erreichen, dass es eine regelmäßige
Auswertung aller potenziellen Issues im Unternehmen gibt. Dafür möchte er die bestehenden Monitorings z. B. aus dem Marketing, dem Risikomanagement und der Kundenbetreuung
bündeln. Nach einigen Abstimmungsrunden ergeht der Beschluss, dass die abteilungsspezi-
fischen Auswertungen ab sofort als fester Tagesordnungspunkt in die regelmäßigen Manage-
mentmeetings aufgenommen werden.*

*Herr Wortmann hat sich bereits über das Angebot verschiedener Monitoringdienste in-
formiert, um im Krisenfall die reguläre Pressebeobachtung auf ein Ad-hoc-Monitoring um-
zustellen. Die Beobachtung der asiatischen Länder werden seine Kollegen aus den Tochtergesellschaften organisieren.*

*Problematischer sieht es mit der Social-Media-Beobachtung aus. Für den neuen Popcorn-
automaten »Plop« hat Steckerstrom eine Facebook-Kampagne gestartet, die sehr erfolgreich
läuft und eine große Fangemeinde im Netz hat. Herr Wortmann weiß, dass sich im Krisenfall die Begeisterung der Online-Community schnell ins Gegenteil verkehren kann. Doch die
Standardinstrumente der Social-Media-Beobachtung kann sein Team nicht bewältigen: zu
viele ungefilterte, zu wenig relevante Informationen. Was er benötigt, ist eine brauchbare
Auswertung, die es ihm ermöglicht, Trends und Meinungsbildungen im Netz aufzuspüren
und verfolgen zu können. Und da dies auch für seine Kollegin aus dem Marketing interessant
ist, nimmt er sich vor, mit ihr gemeinsam einen Anbieter zu suchen. Davon kann die Steckerstrom sowohl für die Krisenprävention, aber vor allem auch für die Optimierung der gesamten Online-Aktivitäten profitieren.*

KAPITEL 5

Schnell reagieren, richtig handeln:
Ad-hoc-Krisenmanagement und Intervention

KAPITEL 5
Schnell reagieren, richtig handeln:
Ad-hoc-Krisenmanagement und Intervention

In der Ad-hoc-Krise dominieren zu Beginn widersprüchliche Meldungen, Gerüchte und ungeklärte Vorwürfe, Unwissenheit um den genauen Sachverhalt, dazu drängende Fragen von Mitarbeitern, Journalisten und Behörden. Chaos und ein enormer Zeitdruck gerade in den ersten Stunden sind typische Krisenmerkmale. Vermeintlich bleibt kaum die Zeit, den Sachverhalt zu klären und eine Strategie zu entwickeln. In der schwierigen Anfangssituation einer Krise gilt es, Fehler zu vermeiden, die die Situation womöglich noch verschlimmern. Das Gebot der Stunde lautet, nach innen und außen Verhaltens- und Verfahrenssicherheit zu vermitteln. Dazu gehört es in erster Linie, anzuerkennen, dass man eine Krise hat – ein nicht ganz unwichtiger psychologischer und organisatorischer Faktor. Die Anerkennung eines Problems und der damit verbundene Schritt hin zur Problemlösung haben enorme Bedeutung für die Auswirkungen einer Krise.

Ob Krisen plötzlich auftreten oder aber absehbar sind wie zum Beispiel bei anstehenden Restrukturierungsprojekten, die grundsätzlichen Prozessschritte sind die gleichen:

• Profiling-Analyse
• Aktionsstrategien
• Intervention
• Auswertung und Nachbereitung

Den großen Unterschied machen der Überraschungseffekt und der Zeitrahmen aus, der für Aktion und Reaktion zur Verfügung steht. Und Letzteren gilt es nicht zu verspielen. Wer sich eine Stunde vor der Ankündigung einer Werksschließung überlegt, was der Chef nun zu den am Eingang wartenden Reportern sagen soll, der hat sich eine Ad-hoc-Krise selbst gebastelt. Dieser Hilferuf eines Kunden hat dann selbst einen erfahrenen Krisenberater für einen Moment sprachlos gemacht. Tatsächlich haben etliche Krisen ihre spätere Dramatik erst dadurch entwickelt, weil in der Vorphase durch zu langes Abwarten, Verdrängen oder Verkennen der Situation wertvolle Zeit vertan wurde. Eine richtige Analyse ist das A und O jeder Krisenkommunikation.

Phase 1: Krisenprofiling	Phase 2: Aktionsstrategie	Phase 3: Ad-hoc- Intervention	Phase 4: Analyse und Prävention
Krisenprofiling Analyse Sachverhalt, Akteure, Themen, Medien, »Krisenplayer«, Risikoabschätzung, Identifikation Crisis Agents **Start Just-in-Time-Monitoring** Issues Tracking / Opinion Mining	**Aktionskonzept** Kommunikationsstrategie, Krisenteam / Sprecher, Zielgruppen **Botschaften, Q&A, Sprachregelungen** **Aktionsplan** Maßnahmen, Verteiler, To-do-Listen	**Kommunikative Intervention** Medien, Kunden, Mitarbeiter, Verbände, Lieferanten, Politik, Pressure Groups **Sprechercoaching** Situationsbezogenes Medientraining **Online-Intervention** Darksites, Social Media Kontinuierlich: Issueanalyse, strategische Anpassung	**Analyse und Dokumentation** Krisenverlauf, Performance, Krisenthemen **Analyse des Image-Schadens** Qualitative Kommunikationsforschung **Optimierung Prävention** Ggf. Einleitung weiterer Maßnahmen **Nachbearbeitung bei Medien und Öffentlichkeiten**
Bei Ad-hoc-Krisen innerhalb weniger Stunden			

Abb. 17: Phasen der Ad-hoc- und der Interventionskommunikation

5.1 Den Kern der Krise identifizieren: Issues, Player, Risiken

Der erste Schritt ist, sich klarzumachen, wie sich die Situation darstellt: Was ist der konkrete Sachverhalt? Welche Folgen leiten sich mittel- oder unmittelbar daraus ab? Wessen Interessen werden davon berührt? Wer sind die Akteure? Bereits in der Analysephase müssen Fachabteilungen und Kommunikation koordiniert zusammenarbeiten. Oftmals ist es erforderlich, externe Experten oder Labore einzuschalten, um ein genaues Bild der Ursache und der möglichen Folgen zu erhalten.

5.1.1 Krisenissues: Gesundheitsgefährdung und Qualitätsmängel

Gerade wenn Stoffe chemisch analysiert werden müssen, kann es einige Tage dauern, bis die Ergebnisse vorliegen. Ob und in welchem Ausmaß eine Gesundheits- oder Sicherheitsgefahr vorliegt, ist eine ganz entscheidende Frage, die für Art und Umfang der Maßnahmen sowie für den Handlungsdruck ausschlaggebend ist. »Gefahr in Verzug« ist in vielen Fällen wie zum Beispiel der Kontamination von Lebensmitteln mit Salmonellen oder dem Entweichen giftiger Dämpfe bei einem Brand vordefiniert und erfordert ein unverzügliches Handeln von Unternehmen und Behörden. Doch was ist, wenn das Süßgetränk Schimmelpilze enthält, für den Biojoghurt konventionelle Milch verarbeitet wurde, die Babyschuhe

Farbstoffe enthalten, die da nicht oder nicht in dieser Menge reingehören – oder aber diese Farbstoffe in Jeans entdeckt wurden? Dass diese Fälle auf einen Produktrückruf hinauslaufen, steht fest. Doch für den zeitlichen Handlungsspielraum und die Kommunikation kann es einen erheblichen Unterschied machen, wer in welchem Ausmaß und mit welchen möglichen Folgen betroffen ist. Beim Fall der Babyschuhe wird man sich sorgfältig auf viele emotionale und ängstliche Anfragen besorgter Eltern einrichten, während der gleiche Farbstoff in der gleichen Konzentration in Jeans voraussichtlich ein geringes Verbraucherecho hervorrufen wird.

Ein zweiter wesentlicher Faktor ist die Frage, inwieweit das nicht eingehaltene Marken- oder Produktversprechen das Vertrauen der Kunden kurzfristig oder nachhaltig beeinträchtigt. Ist die Jeans – um dieses Beispiel noch mal aufzugreifen – ein »hippes« und durchaus teures Markenprodukt, dann ist mit einem weit höheren Eskalationsfaktor und Vertrauensverlust zu rechnen als bei einer durchschnittlichen Modekette. Gleiches gilt für den Biojoghurt aus konventioneller Milch: Wer Bio kauft, ist davon überzeugt, sich und der Umwelt etwas Gutes zu tun und dafür durchaus auch mehr Geld auszugeben. Dazu ist ein sehr hoher Vertrauensfaktor notwendig – denn es ist anhand der Milch nicht nachprüfbar, ob die Kuh biologisch oder konventionell gefüttert wurde. Wird dieses Vertrauen in Zweifel gezogen, wird dieser durchaus kritische Kundenkreis sehr schnell mit Abwanderung drohen. Nicht zuletzt aufgrund dieses möglichen Vertrauens- und Imageverlustes entscheiden sich viele Unternehmen zu einer freiwilligen Rücknahme, auch in den Fällen, in denen aus behördlicher oder rechtlicher Sicht keine gravierenden Mängel vorliegen.

5.1.2 Krisenissues: Vorwürfe und Gerüchte

Besonders schwierig sind Situationen zu erfassen, in denen faktisch »keine Schuld« auszumachen ist. Wie im Beispiel eines Unternehmens, dessen Hauptmärkte in Ländern liegen, die politisch umstritten sind. Obwohl es weder ein Handelsembargo noch andere gesetzliche Vorgaben gibt, die dieses verbieten würden, sieht sich das Unternehmen in der Presse mit heftigen Vorwürfen wegen dieser Handelsbeziehungen überhäuft. Das Unternehmen, das bisher von der Öffentlichkeit wenig beachtet wurde, steht plötzlich im Fokus einer gesellschaftlich-moralischen Diskussion, ohne nach den Buchstaben des Gesetzes einen Fehler begangen zu haben.

Ähnlich problematisch kann sich die Lage darstellen, wenn Gerüchte oder Anzeigen die Krise auslösen, die nicht so ohne Weiteres oder in kurzer Zeit zu klären sind. Ein Fleischhersteller sah sich dem Vorwurf ehemaliger Mitarbeiter ausgesetzt, im vorangegangenen Jahr verdorbenes Fleisch verkauft zu haben. Da es nach einem so langen Zeitraum natürlich keine Rückstellmuster mehr gab, anhand derer ein Nachweis hätte geführt werden können, stand Aussage gegen Aussage. Ein typischer Ausgangspunkt für eine Krise, in der letztendlich die Glaubwürdigkeit der handelnden Personen das Zünglein an der Waage bildet.

Wenn der Krisenkern ad hoc nicht zu identifizieren bzw. faktisch nicht zu widerlegen ist, muss möglichst rasch ein Verfahren zur Klärung verabredet und eindeutig kommuniziert werden. Dies kann geschehen, indem interne oder externe Untersuchungen angekündigt werden.

In die Analyse des Krisenkerns gehören neben den potenziellen kommunikativen und faktischen Risiken auch immer die unternehmerische und juristische Folgenabschätzung.

5.1.3 Die Akteure

In der unmittelbaren Krise kommt es vor allem auf die Identifizierung und Priorisierung der relevanten Medien und Zielgruppen, Meinungsführer, Initiativen, Multiplikatoren und Akteure an.

Für eine wirkungsvolle Kommunikation gilt es zunächst, sich Klarheit darüber zu verschaffen, wer die Akteure der Krise sind. Gibt es Personen oder Gruppen, die gezielt gegen das Unternehmen agieren wie zum Beispiel Verbraucherschutzverbände, Behörden, Konkurrenten, Medien, Politik, Pressure Groups oder Einzelpersonen aus der Branche, dem Umfeld der Organisation? Gibt es formell oder informell nutzbare Verbindungen und Kontakte zu den Akteuren? Insbesondere bei Krisen, die durch Vorwürfe und Gerüchte ausgelöst werden, ist es wichtig, den Urheber herauszufinden. Schließlich gilt es, das Thema und das Themenumfeld zu analysieren, um potenzielle Handlungsspielräume identifizieren zu können.

Darüber hinaus ist zu fragen, welche Eigeninteressen welcher Personen und Gruppen berührt werden. Insbesondere bei bevorstehenden Restrukturierungsprozessen, Arbeitsplatzverlagerungen und -abbau sind nicht nur die betroffenen Mitarbeiter zu berücksichtigen, sondern auch Interessen und Dispositionen von Gewerkschaften, Politikern, Gemeinden, Kunden und Investoren.[5] Deren genaue Analyse gibt bereits im Vorfeld Anhaltspunkte für mögliche Eskalationen wie z. B. eine öffentliche Mobilisierung durch Gewerkschaften, Arbeitskampfmaßnahmen und politische Interventionen im bevorstehenden Prozess. Auch weiche Faktoren wie die Unternehmenskultur oder die regionale Mentalität bergen kommunikativen Sprengstoff, wenn sie nicht hinreichend berücksichtigt und sensibel behandelt werden.

---

5   Hoffmann, Petra: Restrukturierung 2 – Erfolgskritische Kommunikation. In: Hartwin Möhrle / Knut Schulte (Hg.): Zwei für alle Fälle. Frankfurt am Main 2011

Abb. 18: Akteure und Zielgruppen

Nicht zu vergessen sind Akteure innerhalb der Organisation, wie Mitarbeiter, Management, Betriebsräte, Vertrauensleute und informell gut vernetzte Personen, ganz unabhängig von ihrer Stellung und Funktion. Wenn Mitarbeiter und Teile des Managements auch nur das Gefühl haben, sie erfahren die entscheidenden Dinge – ob wahr oder unwahr – zuerst aus den Medien, vermittelt das immer auch die Botschaft, nicht ernst genommen und bewusst im Unklaren gelassen zu werden.

Für diese grundlegende Analyse, die sowohl potenzielle Krisenakteure als auch die relevanten Zielgruppen identifiziert, bleibt gerade bei Ad-hoc-Krisen nur sehr wenig Zeit. Umso sorgfältiger sollte sie ausgeführt werden, denn sie bildet die Basis für die gesamte Planung und Umsetzung der Krisenkommunikation. Anhand der Analyse lassen sich die Zielgruppen definieren, deren Informationsbedarf bestimmen und die grundsätzliche Strategie ableiten. Auch hier gilt: Einmal ist keinmal. Die Issues- und Akteursanalyse ist ein Prozess, der kontinuierlich im Monitoring fortgeschrieben werden muss.

Szenario 7
Ad-hoc-Krise bei Steckerstrom

Herr Wortmann erhält einen Anruf von der Leiterin des Qualitätsmanagements, Frau Best: Ein Endverbraucher habe ein Problem mit dem neuen Modell des Premium-Popcorn-

automaten »Plop« gemeldet. Schon nach kurzzeitigem Betrieb sei die Deckelhalterung kaputtgegangen, der Deckel während des Betriebs abgesprungen und heißer Dampf ausgetreten. Seine Tochter habe leichte Verbrühungen davongetragen. Bei der internen Untersuchung des defekten Automaten und weiterer Geräte der Baureihe zeigte sich, dass die Deckelhalterung unter bestimmten Betriebsbedingungen verschmort. Frau Best vermutet einen Materialfehler, die genaue Ursache ist jedoch noch nicht identifiziert.

Das Krisenteam wird einberufen. Nach Rücksprache mit den zuständigen Behörden ist inzwischen klar, dass die Popcornautomaten »Plop« vorsorglich zurückgerufen werden müssen – und das innerhalb der nächsten zwei Tage. Bisher ist das Gerät auch nach Russland ausgeliefert worden. Der dortige Vertriebspartner ist bereits informiert.

Das Team analysiert die Situation: Der Popcornautomat ist das erste Produkt einer geplanten Linie von Partyzubehören, mit denen Steckerstrom junge Zielgruppen erschließen wollte. Dementsprechend wurde das Gerät als Partyzubehör in der Kernzielgruppe junge Erwachsene beworben. Mit dem Rückruf könnte der Erfolg der gesamten Produktlinie gefährdet sein. Nach Analysen des Marketings wurde das Gerät häufig von Familien gekauft. Die Gefahr, dass sich Kinder verletzen könnten, stellt einen Eskalationsfaktor dar, der besonders berücksichtigt werden muss. Das Team stellt sich darauf ein, dass es bei der Hotline viele Anrufe besorgter und erboster Eltern geben wird.

Frau Best stößt mit einer neuen schlechten Nachricht zum Krisenteam: Es hat sich der Verdacht bestätigt, dass ein weiterer Popcornautomat betroffen ist, der von einer großen Handelskette unter dessen Eigenmarke »Happy« vertrieben wird. Dies bedeutet, dass das Handelsunternehmen ebenfalls einen Rückruf wird durchführen müssen. Der Vertriebschef fürchtet nun um die Kundenbeziehung. Neben der schwierigen Situation, in der Steckerstrom gegenüber dem Kunden als Verursacher dasteht, muss man davon ausgehen, dass auf breiter Ebene bekannt wird, dass der »Happy« von Steckerstrom produziert wird. Das möchte weder der Handelskunde noch das Unternehmen selbst an die große Glocke hängen. Frau Best bittet das Team von Herrn Wortmann um Unterstützung bei der Kommunikation mit dem Handelskunden.

5.2 Strategiesicherheit erlangen: Die Situation beobachten, analysieren und Eskalationspotenziale antizipieren

5.2.1 Wissen, was die anderen sagen: Monitoring

Neben der Analyse des Krisenkerns ist die kontinuierliche Beobachtung und Auswertung der Medien, der relevanten Social-Media-Formate, der direkten Reaktionen der Zielgruppen von entscheidender Bedeutung für die Beurteilungsfähigkeit des Eskalationspotenzials eines Krisen-Issue. Ein umfassendes Bild kann nur entstehen, wenn die Berichte verschiedener Medien – TV, Hörfunk, Print und Online – zeitnah das Krisenteam erreichen. Denn ist eine Meldung erst einmal erschienen, wird sie von anderen Medien immer wieder aufgegriffen, bis neue Informationen oder Richtigstellungen eintreffen.

Ist eine Krise bereits eingetreten, lassen sich auf die Schnelle nur noch selten und mit großem Aufwand effektive Instrumente für das Monitoring aufbauen. Der vermeintlich schnellste Weg, die Beobachtung über Suchmaschinen, ist unzuverlässig: Die Online-Medienberichterstattung lässt sich über die Suchmaschinen im Internet nicht für jedes Medium erfassen – ein nur unzureichendes Bild von Zufallstreffern ist die Folge.

Viele Medienbeobachtungen bieten inzwischen Krisentools an. Darin werden die Hauptmedien tagesaktuell beobachtet und die Ergebnisse jeweils sofort nach Erscheinen zugesendet bzw. gemeldet. Je nach Verfügbarkeit können auch Fachmedien oder spezielle Online-Portale in dieses Monitoring aufgenommen werden. Die Medienbeobachtung innerhalb des deutsch- oder englischsprachigen Raumes lässt sich in der Regel innerhalb eines Tages organisieren. Sind jedoch ausländische Standorte oder Märkte betroffen, dann muss man einfach damit rechnen, dass ein Monitoring – je nach Land – ein paar Tage braucht, um organisiert zu werden. Mit den Clippings allein ist es noch nicht getan – selbst wenn bulgarische oder thailändische Berichte in Windeseile ins Deutsche oder Englische übersetzt werden können, geht es doch vielmehr darum, die Wirkung der Berichte richtig einschätzen zu können.

Auch kann unter Umständen die Masse der Berichte kaum zu bewältigen sein. Die Formel »viele Clippings = große Krise, wenig Clippings = kleine Krise« ist oft falsch.

Entscheidend für die Bewertung sind:

- Tonalität
- Kontext
- Neue Fakten, Issues, Player
- Sachliche Falschdarstellungen und -meldungen
- Reichweite, meinungsbildende Kraft und Zitierhäufigkeit des Mediums

Dazu bedarf es eines geschulten Monitoringteams, das die Berichte sichtet, auswertet und als kurze Summaries nach Issues und Themen priorisiert dem Krisenteam zur Verfügung stellt. Sind ausländische Märkte betroffen, braucht es zudem eine Person, die eine landesspezifische Bewertung und Einordnung vornehmen kann.

Ähnlich verhält es sich bei der Beobachtung von Social-Media-Formaten. Wer nicht über ein qualitatives Opinion Mining verfügt, muss handarbeiten. Dazu ist es notwendig, die relevanten Plattformen unter Beobachtung zu haben – und zwar in Echtzeit. Während in den Medien abends Ruhe einkehrt, erreichen Diskussionen in Foren meist noch mal eine Hochphase. Auch hier gilt: Nicht die Masse allein macht es, sondern vor allem die Tonalität, die Eskalationsstufe und die Verlinkung und Verbreitung über das Netz in andere Formate und Plattformen hinein. Sind es einzelne User, die die Eskalation vorantreiben? Gibt es »Beschwichtiger«, die versuchen, die Diskussion zu versachlichen oder zu beruhigen? Finden sie Gehör, oder gehen diese Versuche unter? Ebbt die Diskussion ab, oder wird sie immer wieder neu befeuert?

In das Monitoring müssen auch die direkten, internen Quellen einbezogen werden. Wie reagieren die Kunden, was sagen Verbraucher, welches sind die meistgestellten Fragen an die Hotline? Kommen neue Issues, weitere »Schauplätze« ins Spiel? Drohen Banken mit dem Einfrieren von Finanzierungen, Geschäftspartner mit Vertragskündigungen? Hier sind vor allem Mitarbeiter gefordert, die den direkten Kontakt zu den Kunden, Finanzierungseinrichtungen und Geschäftspartnern haben. Sie müssen nicht nur mit Sprachregelungen, Q&As und Verhaltenstipps auf den Kontakt vorbereitet werden, sondern auch in die Feedbackschleifen einbezogen werden. Sie müssen wissen, worauf sie bei den Reaktionen achten müssen, und benötigen entsprechendes Handwerkszeug, um ein qualifiziertes Feedback an das Krisenteam geben zu können.

5.2.2 Eskalationen antizipieren: If-then-Szenarien

Von der genauen Beurteilung der Ausgangssituation und der möglichst präzisen Einschätzung potenzieller Reaktionen der Beteiligten und Betroffenen hängt viel ab. Gerade zu Beginn einer Krise ist oftmals zu beobachten, dass von verantwortlichen Managern und Fachleuten die Eskalationspotenziale entweder unterschätzt und auf die etwas zu leichte Schulter genommen werden. Oder aber der umgekehrte Fall tritt ein – oftmals in einem mit Krisen unerfahrenen Umfeld anzutreffen –, dass Gefahren als zu hoch eingeschätzt werden. Dies kann zu kommunikativen Überreaktionen führen, die mitunter genau so schädlich sein können, wie nichts zu tun.

Mittels der If-then-Szenarien können bei einer sich abzeichnenden Krise mögliche Eskalationssituationen wie Streiks als Reaktion auf einen bevorstehenden Arbeitsplatzabbau, politische Interventionen, ein vernichtender Artikel in einem Leitmedium und Ähnliches abgebildet werden. Die If-then-Szenarien konzentrieren sich dabei auf das Wesentliche: Mögliche Auswirkungen werden in Stichworten notiert, um dann mit konkreten Interventionsstrategien und Handlungsoptionen hinterlegt zu werden. (Zum grundsätzlichen Aufbau der Szenarien siehe Kapitel 3.2.1.: Krisenszenarien.) Das systematische Durchdenken solcher Szenarien bringt den Vorteil, schnell handlungsfähig zu sein, den Krisenverlauf und die eigene Strategie permanent überprüfen zu können, die jeweils richtige Dosierung für die Kommunikation zu finden und sogar möglichen Gegnern einen Schritt voraus sein zu können. Vor allem aber sind If-then-Szenarien ein probates Instrument, um Krisenstab und Management auf die kommenden Situationen vorzubereiten.

Auch in Ad-hoc-Krisen sollte man sich trotz aller gebotenen Eile die Zeit nehmen und sich den möglichen »Worst« und »Best Case« vor Augen führen. Im konkreten Fall heißt

das, den möglichen Verlauf, kritische Situationen und Reaktionen der betroffenen Öffentlichkeiten zu antizipieren. Werden Krisenszenarien rechtzeitig qualifiziert und valide eingeschätzt, bilden sie eine gute Basis für das eigene Vorgehen.

Szenario 8
Best Case – Worst Case

*Um eine genaue Vorstellung davon zu bekommen, was auf die Steckerstrom mit dem
Rückruf zukommt, spielt Herr Wortmann verschiedene Best- und Worst-Case-Szena-
rien durch. Er überlegt, auf welche Reaktionen von End- und Handelskunden, Medien
und vor allem der Facebook-User sich das Krisenteam einstellen muss und wie Stecker-
strom darauf reagieren könnte. Was passiert, wenn es vermeintlich oder tatsächlich
Verletzte gibt? Wie sollen sie sich verhalten, wenn es zu einer Grundsatzdiskussion über
Qualitätskontrollen und Prüfverfahren kommt? Wie könnte das Dauerbrenner-Thema
»Produktion in Asien« den Verlauf bestimmen? Immerhin hat Steckerstrom vor fünf
Jahren ein Werk in Deutschland geschlossen und diesen Teil der Produktion ins neue
Werk in Asien verlegt. Vorsichtshalber nimmt Herr Wortmann auch Beschuldigungen
ehemaliger Mitarbeiter gegen Steckerstrom in die Szenarien auf.*

*Anhand der Szenarien kann Herr Wortmann seine Aktionsplanung festlegen und
mit dem Krisenteam abstimmen. Vor allem aber gewinnt er Klarheit darüber, was
noch zu entscheiden und zu organisieren ist. In erster Linie müssen alle Händler und
– da das Gerät bereits im Umlauf ist – die Endkunden informiert werden. Das Team
bereitet die Hotline, Presseverteiler, die Darksite für die Produktseite vor. Das Marketing muss Werbespots stoppen, Händler müssen identifiziert, die Rückhol-Logistik und
-modalitäten geklärt werden. Für die Banken der Steckerstrom muss das Team noch
eine gesonderte Stellungnahme über mögliche wirtschaftliche Folgen vorbereiten.*

*Noch ist die Frage offen, wie Herr Wortmann mit dem laufenden Gewinnspiel auf
Facebook umgehen soll. Das ist erst vor zwei Wochen gestartet, die Einsendefrist für
den Popcorn-Party-Wettbewerb läuft noch. Als Hauptpreis ist die Ausrichtung einer
großen privaten Party ausgelobt – und als zweiter bis fünfter Preis der »Plop«.*

*Aber immerhin kommt auch eine gute Nachricht: Die betroffenen Chargen des
Kundengerätes »Happy« sind beim Kunden noch im Zentrallager und bisher nicht an
die Filialen ausgeliefert worden. Damit hat sich die Lage insoweit entspannt, dass die
»Happy«-Geräte nicht öffentlich zurückgerufen werden müssen.*

5.3 One-Voice-Strategie: Sprecher und einheitliche Botschaften

Von zentraler Bedeutung ist die Frage: Wer spricht für das Unternehmen, die Organisation – und zu wem? In großen Krisen kommt dem Sprecher eine zentrale Rolle zu: Er ist das Gesicht der Organisation – aber auch das Gesicht der Krise. Bei Unfällen, Katastrophen oder Anschlägen sind es oftmals Vertreter der Rettungskräfte, die mehr oder minder geplant diese Rolle einnehmen, weil sie als Erste vor Ort sind. Noch deutlich in Erinnerung ist der Direktor der Kölner Feuerwehr, der beim Einsturz des Stadtarchives 2009 trotz der Vielzahl der beteiligten Organisationen und Behörden die zentrale Sprecherrolle mindestens für die Dauer des Rettungseinsatzes einnahm und mit hoher Integrität ausfüllte. Die Vor-Ort-Präsenz – so es denn in der Krise einen Ort des Geschehens gibt – ist eine unverzichtbare Pflicht.

In Fall einer Ad-hoc- oder einer absehbaren Krise müssen sehr schnell die Sprecher definiert werden, damit diese deutlich als Ansprechpartner erkennbar sind und der gesamte Informations- und Kommunikationsfluss auf sie und ihren Stab fokussiert wird. Dabei sind unterschiedliche Sprecherfunktionen zu besetzen:

- Unternehmenssprecher, Repräsentant der Organisation: Vorstand, Sprecher des Vorstandes, CEO, Geschäftsführer, Inhaber, Management des betroffenen Geschäftsbereiches
- Pressesprecher
- Fachexperten zur Untermauerung und Erläuterung von Sachverhalten
- Direkte Ansprechpartner für Mitarbeiter, Kunden, Geschäftspartner, Investoren wie zum Beispiel Führungskräfte, direkte Vorgesetzte, Human Relations, Vertrieb, IR, Controlling etc.

Mindestens in den ersten Stunden einer Krise, in denen der genaue Sachverhalt und der Krisenkern noch nicht identifiziert sind, kann es ratsam sein, dass zunächst der Pressesprecher Statements abgibt. Sollten die Erkenntnisse oder Aussagen aus dieser Phase korrigiert werden müssen, kann dies durch einen Repräsentanten des Managements erfolgen. Der umgekehrte Weg, dass ein Pressesprecher einen Vorstand korrigiert, kann das Ansehen des Managers schädigen, und ist deshalb ausgeschlossen.

Allein jedoch den Pressesprecher für die gesamte Dauer der Krise ins »Feuer« zu schicken ist meist nicht genug. An bestimmten Punkten einer Krise kann es notwendig sein, dass ein Vertreter des Managements Farbe gegenüber Medien, Öffentlichkeit, Politik und Branche bekennen und zum Beispiel Fehler eingestehen, Positionen vertreten oder Konsequenzen ankündigen muss. Wann der richtige Zeitpunkt zum Einsatz einer solchen Sprecherhierarchie gekommen ist und welche Botschaften damit transportiert werden müssen, ist abhängig von der Unternehmenskultur sowie der Art und dem Verlauf der Krise. Mit Sicherheit muss natürlich bei einem Restrukturierungsprozess von vornherein das

Management eine erkennbare Sprecherrolle einnehmen und damit Verantwortung dokumentieren. Im Falle eines nicht ganz so schwerwiegenden Produktfehlers kann es ausreichend sein, wenn der Absender das Unternehmen an sich ist und der Pressesprecher namentlich als Ansprechpartner zur Verfügung steht.

Neben dem Pressesprecher ist in der Regel ein ganzes Team erforderlich, um die Menge der Presseanfragen bewältigen zu können. Die Pressehotline kann durch ein Inhouse-Team oder durch externe Berater besetzt werden. Dadurch ist es möglich, Standardfragen schnell zu beantworten, Detailfragen und Interviewanfragen zu selektieren, um diese zeitnah qualifiziert zu beantworten.

Generell gilt für die Kontakte zu Kunden – insbesondere im Business-to-Business-Bereich, zu Geschäftspartnern und relevanten Multiplikatoren, dass die gewohnten Ansprechpartner für die Beantwortung von Fragen weiterhin zur Verfügung stehen, wie zum Beispiel Key-Account oder Außendienst. Es macht wenig Sinn, die Kundenkommunikation allein auf den Geschäftsführer zu konzentrieren. Erstens wird dieser damit allein zeitlich überfordert sein, zweitens werden bei Rückfragebedarf die gewohnten Ansprechpartner sowieso angerufen.

Von zentraler Bedeutung ist jedoch die Kontrolle der Kommunikationsinhalte und -kanäle. Um die Glaubwürdigkeit zu wahren, sind eine klare Rollendefinition und eine abgestimmte, einheitliche Sprachregelung unerlässlich. Widersprüchliche Aussagen, Mutmaßungen und ungesicherte Informationen erregen Zweifel an der Aufrichtigkeit und Sachkompetenz des Unternehmens – wodurch im Worst Case die Situation eskalieren kann. Ebenso unverzichtbar ist es, dass alle involvierten Personen Vertraulichkeit wahren und sich an die abgestimmten Inhalte und Botschaften halten.

Die Basis für eine abgestimmte One-Voice-Kommunikation bildet ein inhaltlicher Leitfaden, der regelmäßig aktualisiert, fachlich geprüft und abgestimmt werden muss.

Dieser Leitfaden besteht aus:

- Drei bis vier präzise formulierten Kernbotschaften. Kurze, prägnante Sätze, die gebetsmühlenartig wiederholt werden und sich in allen Texten wiederfinden. Inhalte sind: Was ist passiert? Welche Maßnahmen des Krisenmanagements wurden eingeleitet? Wie stehen die Verantwortlichen zu dieser Situation? Welche Konsequenzen werden aus diesem Vorfall / dieser Situation gezogen?
- Argumentarium, Q&A / Sprachregelungen. Im Q&A, einem Frage- und Antwortkatalog, werden alle potenziellen Fragen aufgenommen, die von den unterschiedlichen Zielgruppen gestellt werden könnten, und konsistente Antworten darauf formuliert. Der Q&A sollte auch dazu genutzt werden, die eigene Argumentationskette en detail zu prüfen und gegebenenfalls noch einmal zu korrigieren. Aus dem »Master«-Dokument, das den gesamten Fragenkatalog enthält, werden nach Abstimmung und Freigabe zielgruppenspezifische Q&As herausgezogen, die den einzelnen Sprechern oder

Mitarbeitern an die Hand gegeben werden und die verbindliche Sprachregelung bilden. In diesen zielgruppenspezifischen Dokumenten sollten dann auch nur die Fragen enthalten sein, die von diesem Personenkreis beantwortet werden können und sollen.

Fester Bestandteil der Kommunikationsinhalte sollten Hintergrundinformationen sein. Diese bilden für Journalisten eine wichtige Recherchehilfe. Die relevanten Informationen aus erster Hand zur Verfügung zu stellen kann dazu beitragen, dass die richtigen Fakten verständlich aufbereitet in die journalistischen Recherchen und die Berichterstattung Eingang finden. Der richtige und aktive kommunikative Einsatz von Hintergrundinformationen, etwa zu technischen Sachverhalten, zum Unternehmen oder zum Markt, hat zudem strategische Bedeutung. Man bleibt damit kommunikationsfähig und kann offensiv agieren in Phasen, in denen man zum eigentlichen Krisensachverhalt noch nichts sagen kann oder will. Voraussetzung ist, dass solchermaßen nutzbare Informationen gut aufbereitet vorliegen oder schnell aufbereitet werden können. Hierbei spielt vor allem die Übersetzung von technischen Sachverhalten in für die Medien und die Öffentlichkeit gut und eindeutig verstehbare Informationen eine entscheidende Rolle. Das ist in vielen Krisenpräventionssystemen ein schwacher Punkt, dessen Bedeutung für die schnelle Handlungsfähigkeit im akuten Krisenfall vielfach unterschätzt wird.

Nicht zu vergessen bei der Sprecherplanung ist jener Personenkreis, der nach Möglichkeit keine Aussagen für das Unternehmen treffen soll. Nichts zu sagen ist für Kommunikationsunerfahrene eine schwierige Aufgabe, besonders in den in Krisen nicht zu vermeidenden vielfältigen Überraschungssituationen. Verbote an Mitarbeiter, mit der Presse oder im privaten Umfeld ihre eigene Meinung kundzutun, gehen in der Regel nach hinten los und werden schnell als Zensur eingestuft. Vielmehr geht es jetzt darum, Handlungssicherheit zu vermitteln und gegebenenfalls auch für mögliche kommunikative Konsequenzen zu sensibilisieren. Dabei sind oft schon kleine Schritte hilfreich, wie die Information, dass alle Fragen von Pressestelle, Hotline oder Vertrieb beantwortet werden, Anfragen dorthin weitergeleitet werden können und alle wichtigen Informationen auf der Website zu finden sind.

Szenario 9
Abstimmung von einheitlichen Wordings

Herr Wortmann und seine Kollegin Frau Klar erstellen Q&As und Sprachregelungen für die Zielgruppen Handel, Presse und Endverbraucher. Die wichtigsten Fragen sind:

- *Worin genau liegt der Fehler?*
- *Was kann passieren, und wie hoch ist das Risiko?*
- *Warum hat die Steckerstrom den Fehler nicht vor Auslieferung entdeckt?*
- *Was tun Sie, um sicher zu sein, dass sich das nicht wiederholt?*

Inzwischen steht fest, dass es sich tatsächlich um einen Materialfehler handelt. Frau Best hat das erste Gutachten eines unabhängigen Labors vorliegen. Davon abgesehen, dass schon die Mitglieder des Krisenteams die Erläuterungen der Experten kaum verstehen, ist man sich einig, dass für die Kommunikation eine verständliche Erklärung formuliert werden muss, welcher Art die möglichen Risiken sind. Gemeinsam kommt das Krisenteam zu dem Schluss, den Verbrauchern zu empfehlen, das Gerät gar nicht mehr zu benutzen – obwohl es laut Gutachten erst nach einer Betriebszeit von etwa acht Minuten zu einer Verschmelzung der Deckelhalterung kommen könne.

Die Textentwürfe gehen nun an die Fachabteilungen und den Vorstand zur Abstimmung. Wie erwartet korrigiert die Rechtsabteilung einige Formulierungen, die aus juristischer Sicht Konsequenzen für das Unternehmen haben können. Alles in allem ist Herr Wortmann aber sehr zufrieden mit dem Abstimmungsprozess.

5.4 Strategie und Aktionsplanung

Die Erstellung der Kommunikationsinhalte verläuft parallel zu einer gezielten Aktionsplanung. Mit welchen Botschaften und Maßnahmen kann das vordringlichste Ziel, Schaden vom Unternehmen abzuwenden bzw. einzugrenzen, am besten erreicht werden? Zu Beginn der Kommunikationsplanung stellt sich die Frage nach dem strategischen Vorgehen: Kommunizieren wir aktiv oder reaktiv? Für beide Vorgehensweisen kann es gute Gründe geben. Besteht zum Beispiel ein Sicherheitsrisiko oder werden möglicherweise Anleger geschädigt, ist eine aktive Kommunikationsstrategie Pflicht. Oft muss aber die Entscheidung für eine aktive oder reaktive Kommunikation sorgfältig im Einzelfall abgewogen werden: Ist es sinnvoll, quasi die Flucht nach vorn anzutreten und damit eine Aufmerksamkeitswelle selbst auszulösen? Ein solches proaktives Vorgehen kann ein hohes Maß an Ehrlichkeit und Aufrichtigkeit vermitteln – wenn diese Strategie offensiv und konsequent umgesetzt wird. Manchmal kann es auch ratsam sein, zunächst einmal die Entwicklung eines Issues oder eines Sachverhaltes abzuwarten. In diesen Fall muss man sich aber darauf vorbereiten, jederzeit den Hebel auf eine aktive Strategie umlegen zu können. Oftmals schwierig ist dann die Frage, wann dafür der richtige Zeitpunkt gekommen ist.

Auch eine defensive Kommunikationsstrategie kann ihre Berechtigung haben – zum Beispiel, um den Erfolg von juristischen Auseinandersetzungen oder Ermittlungen nicht zu gefährden. Wer sich entschieden hat, nichts zur Sache zu sagen, sollte immer klarmachen, aus welchen Gründen. Es darf nicht der Eindruck entstehen, dass das Unternehmen etwas zu verbergen hat.

Die wohl schlechtesten Vorgehensweisen sind Leugnen, »Duck and Cover« und die »Salamitaktik«. Wer gar nicht oder nur scheibchenweise Informationen herausgibt, erzeugt nicht nur den Eindruck, bewusst zu verschleiern, sondern provoziert weitgehende Recherchen. Dabei sitzen die Rechercheure heute nicht mehr nur in den Redaktionen, sondern vor allem in den Internet Communities. Quasi jeder kann sich heute an der Aufdeckung von Informationen, Hintergründen und sogar vertraulicher Vorgänge beteiligen. Die besten Beispiele dafür sind Plattformen wie WikiLeaks oder GuttenbergPlag. Innerhalb kurzer Zeit hat die Internetcommunity den Nachweis geführt, dass die Dissertation des damaligen Verteidigungsministers Karl-Theodor zu Guttenberg zu einem erheblichen Teil aus Plagiaten bestand. »Der Vorwurf, meine Doktorarbeit sei ein Plagiat, ist abstrus«[6], sagte Guttenberg noch in seinem ersten Statement, nachdem die ersten Vorwürfe in den Medien erhoben worden waren. Schon nach kurzer Zeit hatte die Internetcommunity das Gegenteil bewiesen. Die Plagiats-»Affäre« Guttenberg endete mit dem den Rücktritt des Ministers und der offiziellen Aberkennung seines Doktortitels durch die Universität Bayreuth.

Die Kommunikationsstrategie muss im Krisenstab verabschiedet werden, um alle Beteiligten und das Management zu einem konsistenten Kommunikationsverhalten zu verpflichten.

Der Kommunikationsplan: Fahrplan der Krisenkommunikation
Die strategischen Vorgaben müssen nun in einen detaillierten Arbeitsplan umgesetzt werden: Im Kommunikationsplan werden Umfang der Information und die Kommunikationskanäle für jede einzelne Zielgruppe festgelegt und der zeitliche Ablauf geplant.

---

6 Zitiert nach: http://de.guttenplag.wikia.com/wiki/Chronologie

	Pressemit-teilung / -konferenz	Brief / Anschrei-ben	Persönliche Informa-tion	Hotlines	Internet	Intranet	Hinter-grund-infos
Medien • Aktuelle / News • Wirtschaft • Regional • Fachpresse	X		X		X		X
Social Media	X		X		X		X
Verbraucher				X	X		X
Geschäftskunden /-partner	z. K.	X	X	X	X		X
Verbände		X	X		X		X
Multiplikatoren		X	X		X		X
Behörden	z. K.	X	X	z. K.	X		X
Gremien	z. K.	X	X		X	X	X
Führungskräfte	z. K.		X		X	X	X
Mitarbeiter	z. K.	X	X		X	X	X

Abb. 19: Aktionsplan: Zielgruppen / Instrumente und Kanäle (Beispiel)

Grundsätzlich gilt, dass interne und externe Kommunikation eng miteinander verzahnt werden müssen. Führungskräfte, Mitarbeiter und ggf. unternehmensinterne Gremien sollten nach Möglichkeit kurz vor bzw. zeitgleich mit den externen Zielgruppen informiert werden. Zum einen benötigen Führungskräfte und Mitarbeiter Informationen und Handlungsanweisungen, um auf externe Reaktionen vorbereitet zu sein, zum anderen kann es zum Vertrauensbruch kommen, wenn Mitarbeiter aus der Presse oder dem Internet von der Krise erfahren und nicht vom eigenen Management.

5.5 Schnell und sicher handeln: Aktionsplanung für Ad-hoc-Einsätze:

Prozesssicherheit ist das A und O des Krisenmanagements und gleichfalls das des Krisenkommunikationsmanagements. Die Öffentlichkeit unterscheidet nicht zwischen Krisenstab, Fachabteilungen, Management und Kommunikation. Und das ist ja auch durchaus so intendiert: Die Sprecher repräsentieren das Krisenmanagement und das Unternehmen nach außen. Unsicheres und unprofessionelles Kommunikationsverhalten kann deshalb die Krise weiter verschärfen – umgekehrt kann natürlich ein schlechtes

Krisenmanagement nicht durch eine noch so gute Kommunikation verborgen werden.

Um das Vertrauen aufzubauen, dass das Unternehmen in der Lage ist, eine Krise zu meistern, muss die erste Botschaft sein: »Wir wissen, was wir tun«. Gleichzeitig gilt es, Verantwortung, Glaubwürdigkeit und nötige Offenheit zu dokumentieren.

5.5.1 Die ersten Stunden meistern: Sich als »Source of Information« positionieren

Plötzlich auftretende Krisen wie zum Beispiel Unfälle, Brände oder Explosionen sind in den ersten Stunden gekennzeichnet von Verwirrung und Chaos. Die Faktenlage ist nicht geklärt, oftmals machen widersprüchliche Informationen die Runde. Die Medien sind schnell zur Stelle, die ersten Facts gehen als Kurzmeldung über den Ticker und durchs Internet. Gleichzeitig gehen Anfragen von Journalisten ein. In der Regel sind es die Redakteure aus den Newsredaktionen, die recherchieren, und nicht die gewohnten Ansprechpartner der Wirtschafts- oder Tagesmedien. Die ersten Fragen fokussieren auf die aktuelle Situation vor Ort, Ursachen, Krisenmanagement, aber auch, ob das Ereignis hätte verhindert werden können. Für die Recherchen nutzen Journalisten alle erreichbaren Quellen, darunter auch Rettungs- und Sicherheitskräfte, Augenzeugen – und das Internet.

In dieser ersten Phase kommt es darauf an, sich als verlässliche Informationsquelle zu positionieren. Damit lässt sich selbst aus einem geringen Informationsvorsprung entscheidendes Kapital im Wettbewerb um die führende Position als Orientierungsinstanz schlagen. Je schneller und vertrauenswürdiger man in der ersten, heißen Phase der Krise agieren kann, desto eher wird man als glaubwürdiger und verantwortungsvoller Akteur wahrgenommen.

Dazu ist es notwendig, alle bereitstehenden und gesicherten Informationen über Internet und Pressestelle zur Verfügung zu stellen, in kurzen Abständen neue Erkenntnisse zu veröffentlichen. Wenn die Faktenlage noch dünn ist, müssen die Kommunikationsinhalte fokussieren auf die Maßnahmen, die das Unternehmen eingeleitet hat, um die Situation zu klären bzw. Betroffene zu unterstützen. Formulierungen wie »Wir prüfen« oder »Wir untersuchen« sind vollkommen legitim und werden auch von den Medien anerkannt – sofern dann auch wirklich neue Fakten aktiv und verlässlich kommuniziert werden, sobald diese vorliegen. Das kann über Newsflash oder E-Mail-Pressemeldungen geschehen – und über die eigenen sozialen Netzwerke und persönliche Kontakte, die aufgebaut oder aktiviert werden. Gute Dienste leisten in den ersten Stunden nun auch die vorbereiteten Basisinformationen zum Unternehmen, zum Standort, den Produkten oder weiteren Hintergründen, die auf der Web- bzw. Darkside freigeschaltet und in die Web-2.0-Kanäle eingespeist werden.

Instrumente der schnellen Kommunikation in der ersten Phase sind:
- Ad-hoc-Information der Medien
  Kurzmeldungen mit den wichtigsten Fakten und den Kernbotschaften. Wichtig ist

dabei, die Zeitrhythmen in der journalistischen Arbeit zu berücksichtigen. Ist ein Ereignis am Freitagnachmittag passiert, sollte man allerdings nicht warten, bis die Redaktionen wieder besetzt sind. Jedoch nutzt es wenig, wenn Meldungen nun in die Postfächer einzelner Journalisten wandern – da müssen dann in erster Linie Agenturen und die Chefs vom Dienst informiert werden.

- Online-Newsticker für die Medien
  Mit diesem Tool auf der Darksite oder Website können rund um die Uhr Redakteure mit den neuesten News erreicht werden. Neben der schnellen Information hat dies den Vorteil, dass die Pressehotline entlastet wird.
- Kurzinterviews in TV und Hörfunk
  Medien brauchen O-Töne und Bilder. Von daher sollten auch in der ersten Phase Statements vor Kamera, Mikrofon und Telefon abgegeben werden. Auch ein selbst aufgezeichnetes Statement sollte im Internet bereitgestellt werden.
- Zielgruppenspezifische Informationen / Hotline
  Je nach Art des Vorfalls sollten bzw. müssen Informationen und Verhaltenshinweise für die unmittelbar Betroffenen wie Anwohner, Verbraucher oder Verkehrsteilnehmer an einer Hotline oder auf der Website bereitgehalten werden.
- Eigene soziale Netzwerke
  Über etablierte und eingespielte Web-2.0-Plattformen erreicht man am schnellsten diejenigen, die dem Unternehmen, seinen Dienstleistungen und Produkten oder Tätigkeiten sowieso schon nahestehen. Sie sind in der Regel besser ansprechbar als jene Öffentlichkeit, die erst durch den Skandal, die Krise ihr Interesse auf das Unternehmen oder die Institution richtet.
- Einsatz von Crisis Agents und Networking
  Aktivierung von externen, neutralen Fachexperten, die fachliche Erläuterungen und Erklärungen zu einer Entdramatisierung und Versachlichung der Situation beitragen können. (Nähere Erläuterungen siehe Kapitel 3.3.2: Interventionsmedien- und Kontaktplan.). In jedem Fall sollte immer geprüft werden, inwieweit das eigene Kontaktnetzwerk über formelle oder informelle Kanäle genutzt werden kann.

Koordination und Vorbereitung

Um »Source of Information« zu bleiben, darf der interne Informationsfluss nicht abreißen. Insbesondere, wenn Rettungs- oder Sicherheitskräfte involviert sind, muss der Informationsaustausch mit diesen organisiert werden. Auch sollte die Kommunikation untereinander koordiniert werden, d.h. aktiv die Kommunikationsverantwortlichen der involvierten Institutionen anzusprechen und sich gegenseitig über Kommunikationsaktivitäten zu verständigen. Dies gilt in besonderem Maße auch für mögliche gemeinsame Pressekonferenzen mit beteiligten Institutionen, bei denen im Vorfeld die Rollenverteilung genau abgesprochen werden muss.

Für Pressekonferenzen in der ersten heißen Phase gilt generell, dass diese nur dann Sinn machen, wenn ausreichend gesicherte Informationen zur Sachlage vorliegen. Trotz Zeitdrucks müssen Pressekonferenzen sehr sorgfältig vorbereitet werden. Kommunikationsunerfahrene Sprecher sollten – auch wenn die Zeit noch so knapp ist – durch ein Ad-hoc-Coaching oder Medientraining auf die Situation vorbereitet werden.

Ein fundierter Q&A zu den wichtigsten Fragekomplexen über die aktuelle Situation, Maßnahmen des Krisenmanagements, Zuständigkeiten, Verantwortung, Konsequenzen und Folgen und vor allem auch zu solchen Fragen, die noch nicht beantwortet werden können, ist zur Vorbereitung unabdingbar. Ganz offenbar hatten die Verantwortlichen der ersten Pressekonferenz nach der Loveparade-Katastrophe in Duisburg 2010 diese Vorbereitung unterschätzt. Rund 20 Stunden nachdem 21 Menschen bei einer Massenpanik auf dem größten Techno-Festival Deutschlands zu Tode gekommen waren, traten die Hauptverantwortlichen für Ausrichtung und Organisation und der Veranstalter vor die Presse. Dass der genaue Hergang und die Ursachen zu diesem Zeitpunkt nicht vollständig geklärt sein konnten, war verständlich. Dass jedoch die Vertreter der beteiligten Behörden und Institutionen selbst einfache Sachfragen nach Fakten und Zuständigkeiten nicht beantworten konnten, selbst im Kreis der Beteiligten nachfragen mussten, ob und wer die Fragen beantworten könnte, erweckte den Eindruck einer komplett überforderten Planungs- und Krisenmanagementriege. Jeder konnte sich nun vorstellen, wie es zu einer solchen Katastrophe hatte kommen können. Besonders erschütternd und blamabel: Erst ein Jahr später fand sich der Oberbürgermeister von Duisburg bereit, die moralische Verantwortung für diese Katastrophe zu übernehmen und eine Entschuldigung auszusprechen.

In der akuten Phase einer Krise ist es entscheidend, kontinuierlich eine sehr genaue Issuesanalyse durchzuführen, um auf Medienberichte oder Reaktionen der relevanten Zielgruppen angemessen reagieren zu können. Dazu gehören regelmäßige Updates, Korrektur von Falschdarstellungen – und vor allem immer wieder die Vermittlung der eigenen Botschaften.

Interne Kommunikation: Mitarbeiterinformation

Auch die Mitarbeiter eines Unternehmens werden von Krisen verunsichert. Sie werden sowohl von Journalisten als auch im privaten Umfeld darauf angesprochen und müssen wissen, wie sie sich verhalten sollen. Durch schnelle Information, was geschehen ist und welche Maßnahmen eingeleitet wurden, gelingt es nicht nur, sie einzubinden, sondern ihnen auch klare Verhaltensregeln an die Hand zu geben.

Für die Mitarbeiterkommunikation können die existierenden Kommunikationskanäle wie E-Mail, Intranet und schwarzes Brett genutzt werden. Immer wichtiger wird auch hier die zunehmende Zahl der sozialen Netzwerke, die entweder vom Unternehmen selbst etabliert wurden oder in denen die Mitarbeiter – und deren soziales Umfeld – erreicht werden können. Auch kurze Mitarbeiterversammlungen und die personale Kommunikation über Führungskräfte ist angebracht – vor allem da hier direkter und ausführlicher die eigene Position vermittelt werden kann. Nicht zu vergessen sind Mitarbeiter, die sich nicht am Standort oder im Unternehmen befinden, wie zum Beispiel Außen- oder Kundendienst.

5.5.2 Fragen nach Ursachen und Verantwortung, Konsequenzen

Sobald der Sachverhalt in den wesentlichen Eckpunkten geklärt ist, verlagert sich der Fokus der Aufmerksamkeit auf die Frage nach den Ursachen und der Verantwortung. Wann diese Phase einsetzt, hängt vom Krisenverlauf selbst ab: Das kann nach einen Tag bereits eintreten, sich aber auch über einige Tage oder sogar Wochen hinziehen. Wesentlich dafür ist, ob und wie viele News und Berichte die Lage erneut anheizen oder wann notwendige Untersuchungsergebnisse vorliegen, die die Situation klären.

Neben der weiterhin geltenden Pflicht der genauen Issuesanalyse und der regelmäßigen Aktualisierung der Informationen kann nun auch die Zeit für intensivere Hintergrundgespräche gekommen sein. Dieses Format lässt sich nutzen, um erste Hintergründe zu vermitteln, mit ausgewählten Journalisten zu diskutieren und damit auch die eigene Wahrnehmung zu schärfen.

Im ruhiger werdenden Umfeld zeigt es sich, inwieweit es gelungen ist, in der heißen Phase Glaubwürdigkeitskapital aufzubauen, und ob es gelingen kann, eigene aktive Akzente zu setzen. Wesentlich kommt es darauf an, jetzt und in der Nachbereitungsphase verloren gegangenes Vertrauen bei den relevanten Zielgruppen wieder aufzubauen.

5.5.3 Exkurs: Produktrückruf

Beinahe täglich werden Warnungen über mögliche Gefahren von Produkten veröffentlicht oder fehlerhafte Produkte von Unternehmen oder Behörden zurückgerufen. Dass ein Unternehmen ein fehlerhaftes Produkt aktiv vom Markt nimmt, gehört inzwischen zum »Pflichtprogramm« der unternehmerischen Sorgfalt. Nach Angaben der Bundesanstalt für Arbeitsschutz und Arbeitsmedizin (BAuA) hat sich zwischen 2004 und 2007 die Zahl der Rückrufe verdreifacht – und die Tendenz geht weiterhin nach oben.[7] Die Gründe für den Anstieg liegen dabei nicht nur in gesetzlichen Novellierungen – wie 2004, als die neue EU-Richtlinie über allgemeine Produktsicherheit (RLAP) eingeführt wurde–, vielmehr steigt auch die Sensibilität von Verbrauchern, Behörden und Unternehmen. Fehlerhafte oder qualitätsbeeinträchtigte Produkte können nicht nur erhebliche finanzielle Schäden und haftungsrechtliche Konsequenzen verursachen. Auch das Vertrauen und die Kaufbereitschaft der Verbraucher können erheblich und längerfristig beeinträchtigt werden. Die Erfahrung aus der Kommunikation vielfältiger Rückrufe zeigt, dass Verbraucher durchaus

---

7 http://www.baua.de/de/Geraete-und-Produktsicherheit/Rueckrufmanagement/Rueckrufmanagement.html

bereit sind, einem Unternehmen einen Fehler in der Produktion zu verzeihen, wenn sie davon überzeugt sind, dass der Hersteller damit verantwortungsvoll und offen umgeht, ihm die Sicherheit und Gesundheit seiner Kunden wichtig ist, Fehler eingesteht und die notwendigen Konsequenzen zieht.

Rückruf ist nicht gleich Rückruf

Die gesetzlichen Grundlagen für einen Produktrückruf sind in Deutschland durch das Geräte- und Produktsicherheitsgesetz (GPSG), das Lebensmittel- und Futtermittelgesetzbuch (LFGB) und durch diverse europäische und deutsche Einzelrichtlinien für bestimmte Produktgruppen geregelt. Ziel ist es, Gefahren von Verbrauchern abzuwenden. Und dazu ist auch eine wirksame Krisenkommunikation bindend vorgeschrieben. Die Unternehmen sind verpflichtet, fehlerhafte oder kontaminierte Produkte, von denen ein Gefahrenpotenzial ausgeht, den für das jeweilige Unternehmen zuständigen Überwachungsbehörden zu melden. Diese entscheiden, ob ein Rückruf durchgeführt werden muss oder nicht. Abhängig davon, ob ein Produkt bereits in den Verkauf gelangt ist oder nicht, müssen die betroffenen Produkte entweder vom Handel oder auf breiter Ebene öffentlich zurückgerufen werden. In der Kommunikation spricht man jeweils von »stillem Rückruf« oder »öffentlichem Rückruf«.

Doch immer häufiger ist auch zu beobachten, dass Unternehmen Produkte, die nicht den Qualitätsmaßstäben entsprechen, vom Markt nehmen, um das Markenimage nicht zu beschädigen. Auch dies wird häufig als »Rückruf« bezeichnet, in der Kommunikation wird dafür aber oftmals der Begriff »Rücknahme« verwendet.

Enge Koordination mit den Behörden

Die Kommunikation eines Produktrückrufs muss eng mit den zuständigen Behörden koordiniert werden. Denn einerseits sind Unternehmen zur Kommunikation verpflichtet. Dafür verlangen die Behörden – und übrigens die Versicherungen des Unternehmen auch – Nachweise. Andererseits muss man sich auch darüber im Klaren sein, dass die Behörden von sich aus ebenfalls kommunizieren müssen und entsprechende Produktwarnungen aussprechen. Die wichtigsten Internetseiten dafür sind:

- RAPEX (Rapid Exchange of Information System) der Europäischen Union für den Non-Food-Bereich
- RASFF (Rapid Alert System for Food and Feed) der Europäischen Union für den Lebens- und Futtermittelbereich
- ICSMS (Internet-Supported Information and Communication System for the Pan-European Market Surveillance of Technical Products)
  Informationssystem der Marktüberwachungsbehörden, das auch einen öffentlich zugänglichen Bereich für Verbraucher enthält

- www.lebensmittelwarnung.de: Gemeinsames Portal der Länder und des Bundes. Hier publizieren die Bundesländer öffentliche Warnungen und Informationen im Sinne des § 40 des Lebensmittel- und Futtermittelgesetzbuches.
- Die Internetseiten der zuständigen Lebensmittelüberwachungsbehörden, Landesämter und Ministerien
- BAuA, Bundesanstalt für Arbeitsschutz und Arbeitsmedizin

Der Kommunikationsplan – ruhig auch eine Rohversion – sollte also auch Bestandteil der behördlichen Information sein. In Abstimmung mit den Behörden kann es oft gelingen, dass diese dem Unternehmen einen kleinen zeitlichen Vorsprung für seine eigene Kommunikation einräumen und somit das Unternehmen die Chance hat, zuerst zu kommunizieren. Weigern sich jedoch die betroffenen Unternehmen oder zeigen sich nicht einsichtig, werden die Behörden einen Rückruf anordnen.

Information der Handelspartner
Ob stiller oder öffentlicher Rückruf: In der Regel sind immer Handelspartner oder Weiterverarbeiter in den Rückruf involviert – und gleichfalls davon betroffen. Diesen Fakt sollte man sich immer vor Augen halten. Kein Unternehmen hört es gern, wenn ein von ihm vertriebenes Produkt in die Negativ-Schlagzeilen gerät. Drohen für das Handelsunternehmen oder den Weiterverarbeiter gleichfalls ein Imageschaden oder gar finanzielle Schäden, bedeutet das meist zeitweise Auslistungen oder gar das Ende der Geschäftsbeziehung. In bestimmten Fällen – wie zum Beispiel beim Vertrieb des betroffenen Produktes unter einer Handelsmarke oder bei Einbau in ein Fertigprodukt – wird der Inverkehrbringer für den Rückruf verantwortlich zeichnen und ihn in der Regel auch selbst operativ und kommunikativ durchführen. In diesem Fall kommt es wesentlich darauf an, die Geschäftspartner mit allen zur Verfügung stehenden Kräften bei der Kommunikation zu unterstützen.

Neben den wesentlichen Informationen zu Sachverhalt und einzuleitenden Maßnahmen kann es sinnvoll sein, den Handelspartnern kurz gefasste Informationen zur Verfügung zu stellen, die an die einzelnen Filialen weitergeleitet werden können. Dies kann insofern hilfreich sein, da ein wesentlicher Teil der Kommunikation sich direkt am Point of Sale abspielt. Und Verbraucher haben oft wenig Verständnis dafür, dass die Marktleiter vor Ort keine Auskunft geben können.

Empfehlenswert ist es auch, Online-Händler sowie private und gewerbliche Händler auf eBay direkt anzuschreiben. Nur allzu oft machen Verbraucher darauf aufmerksam, dass die Produkte weiterhin erhältlich sind – ein Fakt, der immer auf das Unternehmen selbst zurückfällt.

Information von Multiplikatoren und Experten

Für einige Branchen sind Fachexperten ausschlaggebende Empfehler. Für die Säuglings-
nahrungsbranche sind dies zum Beispiel Kliniken, Kinderärzte und Hebammen, bei anderen Kinderprodukten auch Kindergärten, Schulen etc.; bei Baumaterialien können dies Ar-
chitekten sein, im Automobilbereich zum Beispiel Gutachter. Auch kann es bei bestimmten
Gesundheitsrisiken sinnvoll sein, Ärzte direkt zu informieren.

Experten benötigen detaillierte Informationen vor allem zu den möglichen Risiken, die
vom Produkt ausgehen. Sie sollten aktiv informiert werden und darüber hinaus nach Möglichkeit kompetente Ansprechpartner für Rückfragen haben. Auch hier wird in der Regel
eine kurze Information, die an die Verbraucher direkt weitergegeben werden kann, gut
angenommen.

Verbraucherinformation

Bei der Information der Verbraucher kommt es auf drei wesentliche Punkte an: Die Informationen müssen klar und verständlich sein, die Rückrufmeldung muss schnell und mit
hoher Reichweite verbreitet werden, und es muss die Möglichkeit geben, Rückfragen zu
stellen.

Die wichtigsten Informationen für Verbraucher bei einem Produktrückruf sind:
* Welche Produkte sind genau betroffen?
  Produktname, Mindesthaltbarkeitsdatum und/oder Chargennummer. Ausschlaggebend für die Beschreibung des Produkts ist das, was der Verbraucher sieht, also:
  Wo auf der Verpackung finde ich das MHD oder die Chargennummer. Nach Mög-
  lichkeit sollten immer Fotos der Verpackung bzw. des Produkts zur Verfügung stehen, um eine Verwechslung mit nicht-betroffenen Produkten auszuschließen. Ganz
  wichtig: Wenn nur einzelne Produkte betroffen sind, sollte dies nochmals deutlich
  gemacht werden.
* Worin besteht der Fehler?
  Hier reicht in der Regel eine knappe, verständliche Angabe. Umfangreiche Erläuterungen dazu sind eher für ein Fachpublikum geeignet.
* Welche Folgen hat das?
  Ziel ist es, offen über die Risiken aufzuklären, ohne aber Panik zu verbreiten. Auch
  hierbei ist es wichtig, sich die Sicht der Verbraucher vor Augen zu führen. Mit Grenz-
  wertangaben allein kann kaum ein Laie etwas anfangen – viel wichtiger ist es, einen
  geeigneten Bezugsrahmen herzustellen.
* Welche Maßnahmen muss der Verbraucher einleiten?
  Sind zum Beispiel Arztbesuche oder Untersuchungen nach dem Verzehr des Produkts notwendig? Muss sofort der Stecker beim betroffenen Kühlschrank gezogen
  werden?

- Wie bekomme ich mein Geld zurück?
  Das ist eine der am häufigsten gestellten Fragen. Einen großen Teil der Rückfragen kann man bereits dadurch verhindern, dass die Rückgabeformalitäten sehr klar und eindeutig formuliert werden.
- Wo bekomme ich weitere Informationen?
  Hier folgen Adresse der Website und die Nummer der Hotline.

Neben der Information über die Presse sind Verbraucher nach Möglichkeit direkt anzusprechen, zum Beispiel über einen Sondernewsletter oder einen gut sichtbaren Bereich auf der Website. Auch Special-Interest-Portale und die einschlägigen Social-Media-Formate sollten aktiv bedient werden (siehe dazu Kapitel 5.6.1: Interventionsstrategien im Web 2.0).

Ein sehr gutes Instrument, um in direkten Kontakt zu Verbrauchern zu treten, sind Hotlines. Dieser direkte Kontakt liefert ein recht genaues Bild, wie der Rückruf bei Verbrauchern ankommt, und somit die Basis für die Nacharbeitung der Krise. Dieses Feedback fällt erstaunlich selten stark negativ aus: Die meisten Anrufer begrüßen es, dass das Unternehmen sich den Fragen stellt und sich um die Gesundheit und Sicherheit seiner Kunden kümmert.

Medien und Rückrufportale

Die ansteigende Häufigkeit der Produktrückrufe hat auch bei den Medien zu einem anderen Verhalten geführt. Die Menge der Rückrufe stellt offenbar keine News mehr dar. Vor einigen Jahren noch konnte man sicher sein, dass jeder Produktrückruf zu einem erhöhten Medieninteresse führte. Dies ist heute oftmals nur noch der Fall, wenn namhafte Unternehmen oder Produkte betroffen sind oder wiederholte, gravierende oder skandalträchtige Fehler unterlaufen sind bzw. große Risiken bestehen. Das mag einerseits die Kommunikatoren auf den ersten Blick beruhigen, andererseits gilt es ja in diesem Fall, die Information möglichst schnell und weit zu verbreiten. Ein Aussand der Presseinformation über Agenturen ist unerlässlich. Möglicherweise ist es sogar notwendig – sofern zum Beispiel ein hohes Gesundheits- oder Sicherheitsrisiko besteht –, bei Print-, TV- und Hörfunkredaktionen nachzuarbeiten.

Für Produktrückrufe gibt es verschiedene verbraucherorientierte Internetportale, an die die Presseinformationen direkt gesendet werden können. Dazu gehören zum Beispiel:

- www.produktrückrufe.de
- www.garanbo.de
- www.rueckrufaktion.net
- www.cleankids.de

Szenario 10
Rückruf bei der Steckerstrom

Mit der Entscheidung, den Popcornautomat »Plop« vorsorglich zurückzurufen, ist auch die Entscheidung für eine offensive Kommunikation gefallen.

Auch bei Steckerstrom hat das Krisenteam nochmals sehr sorgfältig überlegt, welche Informationen für welche Zielgruppen wirklich relevant sind. Den Fehler hat ein Lieferant verursacht, der nicht die geforderte, sondern eine minderwertige Zusammensetzung des Materials geliefert hat. Dies ist ein eindeutiger Verstoß gegen die Lieferantenvereinbarung, den Vertrag mit diesem Lieferanten hat das Unternehmen nun sofort gekündigt. Es gab im Vorfeld schon Hinweise aus der Branche, dass dieser Lieferant in finanziellen Schwierigkeiten stecke. Steckerstrom hat daraufhin Kontakt aufgenommen, die Klärung war aber noch nicht abgeschlossen. Gemeinsam kommt das Krisenteam zu der Überzeugung, dass diese Information relevant ist für die Behörden, die Banken und die Versicherung, aber für die Presse nur auf Nachfrage herausgegeben wird.

Nach zwei Tagen Vorbereitung startet der Rückruf von »Plop«. Darksite und Internetinformationen werden freigeschaltet. Die Pressemeldung läuft über den Ticker der Agenturen und wird auch direkt an private Rückrufportale gesendet. Die Behörden speisen die Warnmeldung in das europäische Alert System RAPEX ein und veröffentlichen die Meldung auf den eigenen Seiten. Herr Wortmann spricht direkt mit den Journalisten, die er persönlich kennt. Handelskunden werden vom Vertrieb informiert.

Kurz bevor die Meldungen rausgingen, hat Herr Wortmann alle Mitarbeiter informiert. Um diesen die Sicherheit zu geben, was sie tun sollen, wenn sie von Presse oder im privaten Kreis angesprochen werden, hat er ihnen eine kurze Sprachregelung an die Hand gegeben und darum gebeten, dass alle Nachfragen an das Kommunikationsteam weitergeleitet werden.

Die ersten Anfragen bei der Hotline gehen ein. Herr Wortmann hat ein externes Call Center engagiert, das auf Basis des Q&As die Standardfragen beantworten kann. Wie erwartet gehen vor allem die Standardfragen nach Umtausch und Erstattung ein. Herr Wortmann staunt nicht schlecht, dass zu den am häufigsten gestellten Fragen die gehört, ob man den »Plop« nicht auch in rot produzieren könne. Nur selten gehen die Fragen bei der Hotline nach den Risiken und Ursachen wirklich in die Tiefe, da keine akute Gesundheitsgefahr besteht. Da es aber in diesem Fall auch zu Verletzungen gekommen sein kann, werden alle kritischen Anrufe an das Steckerstrom-Kommunikationsteam weitergeleitet.

Ein gehöriger Schreck fährt dem Team in die Glieder, als gegen Abend das Call Center einen Anruf von einer Kundin meldet, deren Haus abgebrannt sei. Nachdem Herr Wort-

mann mit der Kundin gesprochen hat, kann er aber Entwarnung geben. Das Haus ist zwar wirklich abgebrannt, aber der »Plop« war dabei nicht im Spiel. Die Dame war jedoch so verzweifelt, dass sie einfach jemanden brauchte, dem sie ihr Herz ausschütten konnte.

Während die ersten Reaktionen in Deutschland recht sachlich und relativ ruhig sind, kommt vom Vertriebspartner in Russland eine Hiobsbotschaft: Die dortige Handelsbehörde hat alle Produkte der Steckerstrom gesperrt, bis für jedes einzelne Produkt Unbedenklichkeitsbescheinigungen vorliegen. Herr Wortmann und sein Team bereiten Stellungnahmen für die Behörden und Presseinformationen in Russland vor. Auch für die Kommunikation in Deutschland muss das Thema noch aufbereitet werden.

5.6 Handlungsspielräume nutzen: Aktionsplanung für aufziehende Krisen

Zu den klassischen Auslösern aufkommender Krisen zählen zum Beispiel:

- Restrukturierungen, Werksschließungen und Arbeitsplatzabbau
- M&A-Prozesse
- Tarifverhandlungen
- Managementfehler
- Fehlverhalten von Mitarbeitern
- Finanzielle Issues
- Geplante Preiserhöhungen
- Gesetzesänderungen und -verschärfungen
- Skandalisierung von Produkten, Rohstoffen, Produktionsverfahren (z. B. Gentechnik)

Nicht alle diese Situationen müssen zwangsläufig in eine Krise führen – aber die Wahrscheinlichkeit steigt, wenn nicht bereits frühzeitig die kritischen Issues identifiziert und geeignete Maßnahmen ergriffen werden.

Die Situation der bevorstehenden Krise gibt etwas mehr Raum und Zeit, mit den eigenen Positionen und Themen, der eigenen Agenda den öffentlichen oder auch nur halböffentlichen Gang der Dinge zu beeinflussen. Auch der gezielte Aufbau einer strategischen Verteidigungslinie mit klaren inhaltlichen Positionen und einem vorbereiteten Set an Instrumenten und Maßnahmen entscheidet im Moment der Krise darüber, ob man das Geschehen mitgestalten kann oder nicht.

Multiplikatorenmanagement und Themenregie

Am Anfang steht die Frage, ob eine mögliche Eskalation durch gezielte Kommunikationsmaßnahmen gänzlich verhindert werden kann oder die Issues nur so begleitet werden können, dass sich krisenhafte Auswirkungen so weit wie möglich eindämmen lassen. Im Gegensatz zur akuten Krise, in der man zumeist aus der defensiven Position agiert, bietet sich durch den zeitlichen Vorlauf die Möglichkeit, proaktiv auf Multiplikatoren und Me- dien zuzugehen, die eigene Agenda und Botschaften in der Öffentlichkeit zu etablieren und damit Handlungssouveränität zu erlangen.

Das proaktive Multiplikatoren- und Medienmanagement muss darauf ausgerich- tet sein,

- die richtigen Themen zu setzen und zu besetzen,
- die Dramaturgie der Ereignisse zu bestimmen,
- die Kompetenzführerschaft zu übernehmen und / oder zu behaupten.

Die richtigen Themen zu besetzen bedeutet, jene Themen zu identifizieren, die die eigenen Positionen am besten transportieren. Das sind nicht zwangsläufig nur die un- ternehmens- oder marktspezifischen Themen. Es kommt vielmehr auch darauf an, die Interessen und Themen der Zielgruppen genau zu kennen und gegebenenfalls genau an diesen anzusetzen.

Die Instrumente, die dafür angewendet werden können, sind wiederum vergleichs- weise einfach. Es geht darum, im Kreis der ausgewählten Multiplikatoren – zum Beispiel aus der Branche, Medien, Politik, interne oder Verbraucheröffentlichkeit –, sachliche oder fachliche Hintergründe zu vermitteln und die eigenen Positionen und Entscheidungen transparent und nachvollziehbar zu machen. Dies muss in jedem Fall sehr fundiert sein – denn Journalisten und Multiplikatoren sind oftmals über die Rahmenbedingungen selbst sehr gut informiert. Wer hier Lücken in der Argumentationskette aufweist, hat diesen Schachzug in jedem Fall bereits verloren.

Die Vermittlung der eigenen Positionen kann über formelle oder informelle Kanäle erfol- gen. Das können sowohl Einzelgespräche sein, aber auch das klassische Hintergrundgespräch oder interne Workshops, in denen so detailliert wie möglich über Rahmenbedingungen und Hintergründe informiert wird. Damit wird ein Interpretationskorridor vorbereitet, in den dann spätere offizielle Statements hineinplatziert werden können. Dies bietet die Chance, dass das bereits vorhandene Verständnis des Themas die Gefahr von Verzerrungen durch Fehl- oder Halbinformationen verringert. Dennoch: Dieses Vorgehen schützt nicht davor, dass es durchaus zu anderen Interpretationen durch die Medien kommen kann.

Kommunikation mit Pressure Groups

Bürgerinitiativen, Verbraucher- und Umweltschützer, Interessengruppen verfolgen ihre eigene Agenda und ihre eigenen Ziele. Diese sind oftmals durch politisch-gesellschaft- liche oder idealistische Wertvorstellungen und Handlungsoptionen geprägt. Öffentlich- keitsarbeit und Kampagnen sind ihr Mittel der Wahl, um die öffentliche Meinung für sich zu gewinnen. Darin arbeiten sie ausgesprochen professionell und durchaus auch mit viel Fantasie. Zur Arbeitsweise vieler Gruppen gehört es zunehmend, Druck auf Unternehmen durch eine »Prangerstrategie« auszuüben. Über spezielle Internetseiten, Einkaufsratgeber oder Einzelaktionen werden Unternehmen bewertet und »geoutet«, die die Kriterien dieser Gruppen nicht erfüllen – wie zum Beispiel den Einsatz von Gentechnik, irreführende Produktkennzeichnungen, nicht-zertifizierte Rohstoffe. Zunehmend werden Verbraucher direkt involviert und angesprochen.

Oftmals stoßen diese Gruppen bei den Unternehmen auf Ablehnung und Unverständnis. Da liegt die Reaktion nahe, gar nichts zu sagen, Anfragen nicht zu beantworten oder beleidigt zu reagieren. Die Eskalation kann damit bereits vorprogrammiert sein. In zahlreichen Situationen oder Branchen können diese Interessengruppen für das Unternehmen aber von entscheidender Bedeutung sein: Man denke dabei zum Beispiel an geplante Neubauprojekte, die durch Initiativen von Bürgern verhindert werden könnten. Hier ist eine dialogorientierte Kommunikation allemal besser als »offener Krieg«. Die Vorfeldkommunikation mit Interessengruppen, die im Kontext eines Krisenthemas agieren, kann wichtige Auswirkung auf deren Verhalten haben.

Man darf nicht die Vorstellung haben, ein Dialog allein könne zu einer Einstellungsänderung dieser Gruppen führen. Gelingt es aber, einen rationalen Diskurs zu etablieren, können dessen Auswirkungen zumindest beeinflusst werden. Allein schon die bessere Kenntnis der Gegenargumente kann von Vorteil für die öffentliche Auseinandersetzung sein.

Für die Kommunikation mit Interessengruppen kann man allerdings nicht auf feste Regeln zurückgreifen: Oftmals fällt schon die Kontaktaufnahme schwer, da sich die unterschiedlichen Positionen und Akteure häufig unvereinbar gegenüberstehen. Für unerfahrene Unternehmen lautet der Rat: Erfahrene Berater in die Kontaktaufnahme einbinden, bis die Beziehungen stabil genug sind und selbst gepflegt werden können. Externe können mitunter sehr viel besser den Charakter der einzelnen Gruppen profilieren.

5.6.1 Interventionsstrategien im Web 2.0

Krisenkommunikation im Web 2.0 stellt neue Anforderungen an Früherkennung, Analyse, Umgang und Intervention sowie an die Instrumente der Kommunikation. Dabei ist auch klar: Nicht alles ist neu in der Welt von Social Media, doch vieles funktioniert ganz anders als in den traditionellen Kommunikationsnetzwerken.

Wie bereits in Kapitel 3.3 beschrieben ist es in der Regel nicht ratsam, die ersten Erfahrungen in der Web-2.0-Kommunikation ausgerechnet in einer Krise zu machen. Allerdings gibt es Situationen, in denen trotz nicht oder wenig vorhandener Erfahrung die Intervention über das Netz und in die Social-Media-Sphäre notwendig ist. Abgesehen von den für die Krisensituation besonderen Kommunikationsregeln geht es auch darum, die allgemeinen Grundlagen der Kommunikation in sozialen Netzwerken zu beachten.

Abb. 20: Beispielhafte internationale Umsetzung von Social-Media-Regeln

Social Networks und Blogs lassen sich hervorragend als Empörungs- und Betroffenheitsmaschinen nutzen – insbesondere durch die in der digitalen Öffentlichkeit weitverbreitete »Wir hier unten, ihr da oben«-Mentalität. Unterstützend dabei wirkt ein wichtiger Aspekt der Kommunikation im digitalen Zeitalter: Sie ist neuronal. Die Vernetzungsdynamik bestimmt den Verlauf von Gerüchtelawinen, Skandalisierungswellen und Meinungsbildungsprozessen. Entscheidendes Moment ist die Frage, ob die einzelne Meinung und Kommentierung die Verbindung zu einem virulenten Krisenthema, zu skandalbereiten Medien, Meinungsplattformen und so zu einer empörungsbereiten Öffentlichkeit findet.

Die Kommunikationsgesetze im Netz sind besonders im Skandal und in der Krise anarchistisch und radikal – im Guten wie im Schlechten. Klassische kommunikative und juristische Interventionsstrategien bewirken im Social Web wenig und / oder werden instrumentalisiert. Journalistische Medien behalten dabei ihre Funktion – aber werden in einen harten Wettbewerb um Meinungs- und Deutungshoheit verwickelt.

Während die erste Empörungswelle (Problematisierung / Aufmerksamkeit) sich langsam aufbaut, beginnt mit der zweiten Empörungswelle (Reaktion / Erweiterung) die Mobilisierung der Netzgemeinde. Dann geht es weniger um die Information der Öffentlichkeit, sondern um die Solidarität der Netzgemeinde: Boykottaufrufe, Aktionen etc.

Doch Schnelligkeit und Dynamik der Web-2.0-Medien können auch für die eigene Kommunikation genutzt werden. Dabei gilt:

- Eindeutige Identifizierbarkeit, offenes Visier, klare Positionen
- Deutlich, klar und kompakt formulierte Meinungen und Argumente

- Glaubwürdige und klar erkennbare Kommunikation und Diskussion
- Offensiv und konkret kommunizieren: »Wir haben einen Fehler gemacht, werden in Zukunft noch mehr auf Qualität achten«
- Keine Pseudodebatten, keine Anbiederungen
- Extrem große Vorsicht bei Undercover-Aktionen
- Ruhe bewahren
- Der Content muss gemäß Web 2.0 aufbereitet sein: klar, schnell verstehbar, eindeutig, übersichtlich, schnell und gut find- und verbreitbar
- Technische Voraussetzungen müssen stimmen: einsatzfähige Tools, organisatorische Vorbereitungen (z. B. ein Social-Media-Cockpit mit allen notwendigen Informationen wie Passwörter, Accounts)
- Ausreichend Ressourcen bereitstellen für die Kommunikation und den technischen Support
- Wirksames Suchmaschinenmarketing, damit die eigenen Informationen auch schnell gefunden werden können

Wer sich im Netz bewegt, muss sich auch bewegen wie das Netz. Das bedeutet:
- Sich einzulassen auf einen begrenzt steuerbaren Prozess
- Keine »hit and run«-Logik: Einfluss durch teilnehmende Diskussion
- Dabei bleiben, mitmachen, inhaltlicher Teil der Debatte werden
- Selektiv kommentieren und diskutieren, in rein emotional und stimmungsgetriebenen Debatten nicht mitdiskutieren, höchstens moderieren und auf eigene Infomationsplattformen lenken
- Offenheit für Ironie, Humor und Kritik
- Beobachtung und Analyse der Diskussionsdynamik
- Intervention über »dritte Quellen«: klassische Medien, Fachleute, unverdächtige Meinungsbildner etc.
- Eindeutigen, gut begründeten Abschluss setzen

Der sogenannte Shitstorm
Für einige Krisen im Netz typisch ist, dass bei besonders sensiblen Themen zunächst einmal eine vorwiegend emotional getriebene Empörungswelle in den Social-Media-Plattformen einläuft. Der »Shitstorm« entwickelt sich meist blitzartig und hat wenig mit einer fundierten kritischen Auseinandersetzung zu tun. Hier wird meist distanzlos und unbelastet von Situationskenntnis und Sachverstand zunächst beleidigt, unterstellt, verdächtigt, beschimpft und gedroht. Gleichwohl kann er das Stimmungsbild einer Krise und ihren Verlaufscharakter wesentlich bestimmen, vor allem dann, wenn Betroffene durch eigene Fehler und Ungeschicktheiten die Stimmung ungewollt anheizen.

Die zentrale strategische Empfehlung für den Umgang mit einem solchen Ereignis lautet: nicht mitdiskutieren, nicht versuchen, der emotionalen Diskussion mit rationalen Argumenten beizukommen. Das gelingt in der Regel nicht und wird im Gegenteil häufig nur funktionalisiert, damit die Empörungswelle noch ein wenig höher schlägt. In dieser Phase einer Krise ist es vielmehr ratsam, im Netz eher moderierend zu agieren und vor allem diejenigen, die im Grunde für rationale und vernunftgeleitete Argumente und Meinungen empfänglich sind, auf die eigenen Inhalts- und Diskussionsangebote zu lenken. Besonders in solchen Situationen kann eine parallel dazu mobilisierbare eigene Community von extrem hohem Wert sein. Aus ihrer Mitte kann »von dritter Seite« deeskalierend und entskandalisierend gewirkt werden.

Auch im Social Web zählt die kontinuierliche Kommunikation:
- Handlungen in Folge der Krise auch in den Netzwerken posten
- Grundsätzlich die Kommunikation im Netz fortsetzen, keinen »Rückzug« antreten
- ABER: nicht nur zum Krisenthema kommunizieren, sondern auch die »alltägliche« Social-Media-Kommunikation parallel weiterlaufen lassen

Der Krisenfall mag irgendwann abgeschlossen sein, die einmal begonnene Social-Media-Kommunikation sollte dennoch weiterlaufen, nicht zuletzt als Präventionsmaßnahme.

Präventives Risikomanagement und Krisenkommunikation sind kein Sonderfall, kein notwendiges Übel und schon gar kein teures Vergnügen – sie sind ein selbstverständlicher Bestandteil der Unternehmenskommunikation. Die Grundlagen der Krisenprävention gelten auch für das Web 2.0. Mehr noch: Das Netz bietet uns hervorragende Möglichkeiten, Krisenprävention besser als je zuvor zu leisten.

Die strategische Intervention im Netz kann über mehrere Plattformen und Kanäle und in mehreren Stufen erfolgen. Wichtig dabei ist, dass in der Planung, in der Auswahl der Instrumente und in dem strategischen Vorgehen das gesamte Beziehungsgefüge der Zielgruppen und Akteure und seine Wechselwirkungen antizipiert werden. Wirkungsvolle Kommunikation im Web 2.0 hängt unter anderem davon ab, inwieweit es gelingt, den mit den eigenen Botschaften bespielten Kanal zum »Point of Interest« der relevanten Diskussionsstränge zu machen, besser noch zur bevorzugten Quelle der Information für die On- und Offlinemedien und Social-Web-Multiplikatoren. Das nachfolgend dargestellte Modell skizziert beispielhaft mögliche Plattformen und Kanäle, die zum Teil selbst gesetzt oder für eigene Interventionen genutzt werden können.

Wer über effektive Kommunikation im Netz spricht, sollte die Kommunikationswege über die klassischen Medien nicht außer Acht lassen. So kann die Intervention in Diskussionen und Meinungsbildungsprozesse im Netz gerade über den Weg der tradtionellen Medien führen. Schließlich spiegeln sich in den Blogs und Foren auch die Berichte, Aussagen und Kommentare der Print-, TV- und Hörfunkwelt wider. Eine gezielt in den sogenannten Offline-Medien plazierte Botschaft kann die weitaus effektivere Interventionsstrategie sein als unbeholfene Äußerungen in der Social-Web-Welt.

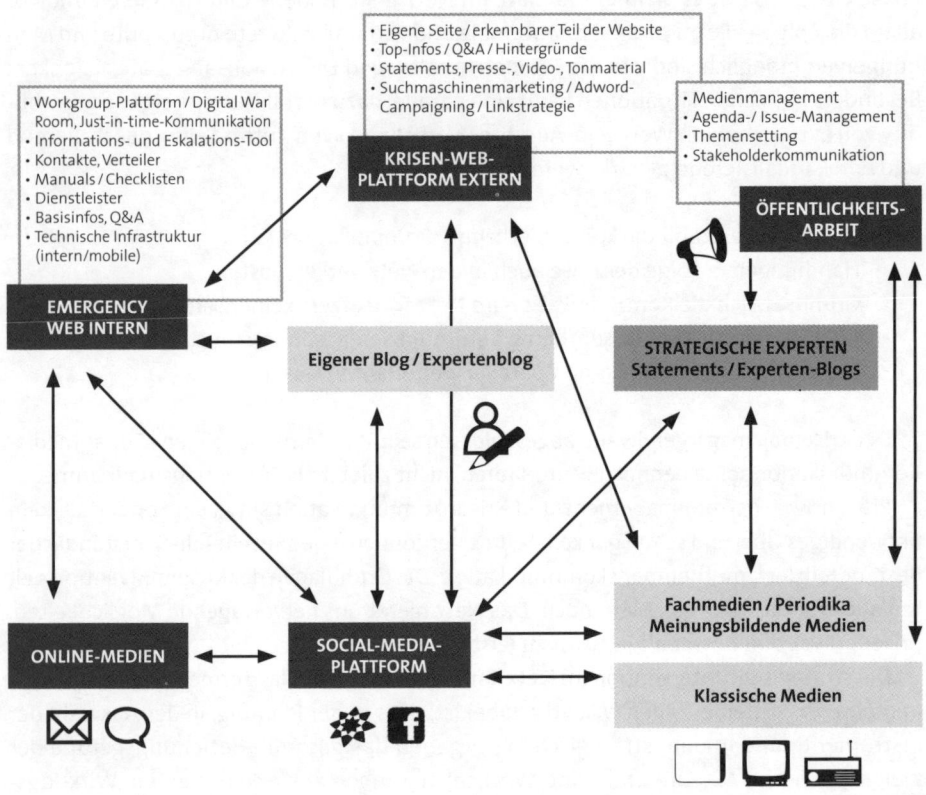

Abb. 21: Interventionsmodell Social Media

Szenario 11
Eskalation im Web

Für die Betreuung der Facebook-Seite hat sich Herr Wortmann externe Hilfe von Social-Media-Experten geholt. Gemeinsam mit der Webmanagerin der Steckerstrom analysieren sie den Verlauf der Diskussion. Die Pressemeldung ist in die wesentlichen Foren und Plattformen eingestellt, die Darksite verlinkt. Über Suchmaschineneinträge hat das Krisenteam sichergestellt, dass alle Infos auch im Netz gefunden werden. Wie wichtig das war, sieht Herr Wortmann am Feedback der Verbraucherhotline: Die Anrufer beziehen sich fast alle auf Informationen aus dem Netz.

Das Gewinnspiel auf Facebook ist mit Hinweis auf den Rückruf vorerst gestoppt worden. Steckerstrom hat auch gleich angekündigt, dass alle Einreichungen ihre Gültigkeit behalten und das Gewinnspiel fortgesetzt wird, sobald wieder einwandfreie Geräte ausgeliefert werden können. In den folgenden Tagen beantwortet Steckerstrom auch Fragen von Usern zum Rückruf auf der Plattform. Parallel dazu laufen die Partyberichte weiter. Das hat nicht nur den Vorteil, dass die Regelkommunikation auf der Plattform ununterbrochen fortgesetzt wird, sondern auch die Kommentare zum Rückruf schnell nach unten rutschen.

Die Reaktionen auf Facebook reichen von »ach wie blöd« über ironisch-witzige Kommentare. Nachdem ein erster User sehr erbost dem Unternehmen »Angriffe auf die Sicherheit der Kunden aus Profitgier« unterstellt, kippt die Stimmung in der Community. Immer mehr User springen auf diese Thematik an, in etlichen Kommentaren äußern empörte User ihren Unmut. Dazwischen versuchen andere, die Situation zu beruhigen: »Die haben zwar einen Fehler gemacht, aber ist doch gut, dass sie das gleich zugeben«.

Eine Userin aus Russland postet, dass alle Steckerstrom-Produkte für den Verkauf gesperrt seien. Schnell machen Spekulationen die Runde, dass es offenbar mit den anderen Produkten von Steckerstrom auch Probleme gebe. Die Webmanagerin schaltet sich bei diesem Thema ein und erläutert, dass es eine übliche Reaktion der russischen Behörden ist, eine komplette Sperre zu verhängen. Sie verweist auf Beispiele anderer Branchen und Rückrufe. Dabei geht sie äußerst behutsam vor, um keine Anti-Russland-Stimmung aufkommen zu lassen. Ihre Stellungnahme verbreitet sich sehr schnell auch über andere Foren.

Auf YouTube veröffentlicht ein User ein Video, in dem der Deckel der »Plop« explosionsartig vom Gerät geschleudert wird. Dass der User aus Spaß diesen Effekt durch Einsatz eines Chinakrachers verursacht hat, erwähnt er nur kurz im mündlichen Kommentar. Binnen Kurzem macht das Video per Link die Runde durch die Online-Communities. Schon wieder ist das Steckerstrom-Team gefordert, auf den Plattformen eine schnelle Stellungnahme abzugeben. Gern würde die Webmanagerin eigene Filme der Steckerstrom auf die Portale stellen – aber es gibt noch keine. Das notiert sie sich gleich als Anforderung für die Zeit nach der Krise.

5.7 Nach der Krise ist vor der Krise: Analyse und Nachbereitung

Die wohl verständlichste und häufigste Reaktion nach einer Krise ist, abzuschalten und zum Tagesgeschäft überzugehen. Die Krisenberater werden verabschiedet, das Lagezentrum von Papierstapeln und leeren Pizzakartons befreit. Das sei jedem gegönnt. Nach ein paar Tagen jedoch – früh genug, um sich an alles genau zu erinnern, und spät genug, um wieder mit klarem Urteilsvermögen an die Sache zu gehen – sollte jeglicher Krisenverlauf schonungslos analysiert und dokumentiert werden. Nur so kann es gelingen, zukünftige Krisen vielleicht noch etwas besser zu überstehen. Und auch hier gilt: Aus Fehlern lässt sich besser lernen als aus Triumphen.

In der Analyse sollte genau betrachtet werden:

- Wie lief das interne Zusammenspiel? An welcher Stelle hat es gehakt, wo lief es reibungslos?
- Wie war die eigene Performance?
- Krisenissues – sind sie richtig erkannt und eingeschätzt worden?
- Wie haben Akteure agiert, wie auf die Aktionen des Unternehmens reagiert?
- Haben sich neue Akteure hervorgetan, die man bei der nächsten Krise sehr genau beobachten sollte?
- Sind die Botschaften angekommen und transportiert worden?
- Welche Maßnamen haben Wirkung gezeigt, welche nicht?
- Gab es Nebenschauplätze oder Themen, die zur Eskalation geführt haben bzw. führen könnten?
- Sind Kontakte entstanden, die nicht nur für die nächste Krise genutzt werden können, sondern auch für die alltägliche Kommunikation?

Mit Hilfe dieser Analyse lässt sich nachvollziehen, wo Optimierungspotenziale und dringender Nachbesserungsbedarf liegen. Auch dies sollte nicht auf die lange Bank geschoben werden, organisatorische Verbesserungen sollten sofort in das Krisenmanual Eingang finden, Trainingstermine rasch festgelegt werden, wenn die Durchführung auch erst in den kommenden Monaten geplant ist. Auch sollte man schauen, inwieweit Reibungsflächen strukturell bedingt, durch mangelnde Konfliktbereitschaft oder Tabus entstanden sind und wie man diese neuralgischen Punkte verändern könnte. Nur so lässt sich die noch frische, individuelle Erfahrung zum langfristigen Organisationswissen und -handeln machen.

Neben der Performanceanalyse muss aber auch die Frage stehen, welchen Schaden das Unternehmen durch die Krise erlitten hat. Verkaufs- und Umsatzzahlen sind dafür ein wichtiger, aber eben auch nur ein Indikator. Spätestens wenn die Zahlen signifikant einbrechen, stellt sich die Frage nach dem Image- und Reputationsschaden und worin dieser genau besteht. Unter Umständen reichen Gespräche mit Multiplikatoren, ein Nacharbeiten bei den Medien oder die Auswertung von Reaktionen der Verbraucher und Kunden nicht aus, um den kritischen Punkten und »blinden Flecken« auf den Grund zu gehen. Hier kann eine fundierte Analyse mit Mitteln der qualitativen Forschung wertvolle Unterstützung bieten, um genau die Ansatzpunkte und Themen für einen Wiederaufbau von Vertrauen und Reputation zu identifizieren. Auf dieser Basis lassen sich geeignete Maßnahmen ergreifen, um auch wieder langfristig erfolgreich zu sein.

Szenario 12
Nachbereitung

Vier Wochen nach dem Rückruf: Der »Plop« ist wieder in einwandfreier Qualität lieferbar, Russland hat die Steckerstrom-Produkte wieder für den Verkauf freigegeben. Die öffentliche Aufmerksamkeit war schnell abgeflaut. Bei der Verbraucherhotline gehen inzwischen nur noch vereinzelt Anrufe ein. Die Medienberichterstattung war im Tenor meist sachlich. Viele lokale Tageszeitungen haben die Warnmeldung veröffentlicht, ohne weitere Hintergründe zu beleuchten. Mit Wirtschaftsjournalisten hat Herr Wortmann Hintergrundgespräche über die Gesamtsituation der Steckerstrom geführt.

In den Online-Communities hat sich die Lage schnell wieder beruhigt. Das Facebook-Gewinnspiel ist wieder aufgenommen worden. Als besonderes Goodie können die Teilnehmer fünf »Plop«-Modelle in Rot gewinnen. Seitdem ist die Teilnehmerzahl deutlich angestiegen.

Nach wie vor jedoch ist das Thema ganz oben in den Google-Treffern zu finden. Um die Rückruf-Schlagzeilen weiter nach hinten zu listen, hat das Kommunikationsteam von Stecker verstärkt aktuelle Meldungen zu Produkten, Aktionen und zum Unternehmen herausgegeben.

Das Krisenteam setzt sich noch einmal zu einer Nachbesprechung zusammen. Nach der ersten Analyserunde sind einige Abläufe bereits überarbeitet worden. Hinter den Kulissen hat es aber vor allem in der Zusammenarbeit mit externen Stellen oder Personen »gehakt«. Vieles musste erst recherchiert und geklärt werden – und das hat zu viel Zeit gekostet, zumal viele Informationen für die Kommunikation relevant waren.

Herr Wortmann hat nun darauf gedrängt, dass jede Abteilung alle neuen Kontakte, z. B. zu Behörden, Prüfstellen, Laboren, Logistikpartnern, erfasst und weitergehende Experten oder Ansprechpartner recherchiert. Frau Best hat eine neue Checkliste zusammengestellt, um die Behördeninformation schneller erfassen zu können.

Herr Wortmann hat zunächst seine neuen Pressekontakte bewertet. Zu einigen Journalisten, die auch Interesse an Unternehmensthemen haben, hat er neue Kontakte aufbauen können. Und er nimmt sich vor, den Kontakt zu den Journalisten in der Region wieder zu intensivieren. Im Hinblick auf den Rückruf in Russland beschließt er, für möglichst viele Exportländer Agenturen vor Ort und erweiterte Monitoringdienste zu recherchieren und Kontakt zu diesen aufzunehmen. Noch einmal möchte er dabei nicht auf den lokalen Vertriebspartner angewiesen sein, der zwar sein Geschäft versteht, aber sein Geschäft ist nun einmal nicht die Kommunikation. Außerdem haben die asiatischen Tochterunternehmen auch noch keinen Handschlag in Richtung Krisenprävention getan. Herr Wortmann nimmt sich vor, das internationale Thema nun voranzutreiben.

KAPITEL 6

Proaktive
Krisenprävention

KAPITEL 6
Proaktive Krisenprävention

Die organisatorische Vorbereitung auf die Krise, Krisenmanuals und Audits sind nur die eine Seite der Präventionsmedaille. Organisatorische und mentale Vorbereitungen und Schulungen sind wichtig, um die handelnden Personen in die Lage zu versetzen, Krisen zu meistern. Sie bilden das Grundgerüst, das kontinuierlich aktualisiert und trainiert werden muss. Und mehr noch: Es muss gelebt werden. Das, was auf dem Papier steht, muss zur Routine werden. Das klingt zunächst paradox, doch zielgerichtete Trainings und Simulationen, ein kontinuierliches Monitoring zur Frühwarnung, gezieltes Management der identifizierten Krisenpotenziale durch Issues- und Risikomanagement sollten nicht nur ein selbstverständlicher Bestandteil des Arbeitsalltags sein. Vielmehr tragen sie auch dazu bei, die alltägliche Arbeit zu optimieren.

Wer mithilfe von regelmäßigen Simulationen und Live-Übungen an die Dynamik, die Risiken, aber auch die Gestaltungspotenziale von Kommunikationskrisen herangeführt wird, gewinnt nicht nur für die Krise Sicherheit. Damit einher geht – gerade bei Nicht-Profis – in der Regel auch ein besseres Verständnis für die Bedeutung der Kommunikation als Managementinstrument sowie die Anforderungen und Aufgaben der Kommunikationsmanager und deren Positionierung im Unternehmen insgesamt.

Krisenprävention braucht den mittel- und langfristigen Blick auf kritische oder potenziell kritische Issues. Viele Themen können im Vorfeld proaktiv so gemanagt werden, dass Krisen daraus gar nicht erst entstehen. Dazu gehören natürlich ein vertieftes Verständnis und auch ein gewisses Gespür dafür, welche Issues sich zu einer Krise entwickeln könnten. Zum einen gilt es, vergangene, zukünftige oder auch immer wiederkehrende Themen zu identifizieren und dann auch anzupacken. Doch die Erfahrung zeigt, dass viele Unternehmen – besonders nach überstandenen Krisen – den »Fall« gern ad acta legen oder mindestens auf die lange Bank schieben. Ein durchaus verständlicher Reflex, der sich aber schon nach kurzer Zeit als Bumerang erweisen kann, wenn zwar der akute Vorfall, aber nicht der eigentliche Krisenkern gelöst wurde. Nicht selten ist dieser tief im Unternehmen oder den Produkten selbst verankert und kann sich zu einer klassischen Wellenkrise auswachsen.

Der Blick über den Tellerrand der eigenen Themen und des eigenen Produkt- und Unternehmensumfeldes ist für ein präventives Issues Management ebenso unumgänglich. Die Beurteilungsfähigkeit der eigenen Rolle im Markt hängt ganz wesentlich vom Verständnis des Marktes in Wirtschaft und Gesellschaft insgesamt ab. Nur wer die Themeninteressen seiner Zielgruppen genau kennt, kann mit einem präventiven Issues Management erfolgreich sein, eine eigene Agenda besetzen und Themen so bespielen, dass die eigene Position vermittelt werden kann. Das wiederum zahlt auf eine zentrale Aufgaben der Kommunikation und der für sie Verantwortlichen ein: dem Aufbau von Reputationskapital in Friedenszeiten als eine der besten Voraussetzungen für die Bewältigung von Krisen, den leichten wie den schweren.

Ein wirkungsvolles Krisenpräventionsmanagement kann aber nur erreicht werden, wenn intern alle an einem Strang ziehen. Es hat wenig Zweck, wenn jede Abteilung für sich Präventionssysteme aufbaut. Wenn Business Continuity, Qualitätsmanagement, Risk Management, Rechtsabteilung und Kommunikation nebeneinander herlaufen, ohne aufs Engste miteinander verzahnt zu sein, wird jedes einzelne System für sich nicht die intendierte Wirkung entfalten können. Der Kommunikation kommt – wie eingangs schon beschrieben – bei der effizienten Vernetzung der Systeme eine entscheidende Rolle zu, disziplin- und abteilungsübergreifend ein vertieftes Verständnis für die gesamthafte Krisenprävention herzustellen, Risiken zu managen und Krisen zu bewältigen.

ANHANG

Literaturverzeichnis

Quellen und weiterführende Literatur

Baumgärtner, Norbert: Risiko- und Krisenkommunikation. Rahmenbedingungen, Herausforderungen und Erfolgsfaktoren, dargestellt am Beispiel der chemischen Industrie. München 2005

Bazil, Vazrik: »Reputation Management – Die Werte aufrecht erhalten«, in: Handbuch Kommunikationsmanagement. Strategien, Wissen, Lösungen. Herausgegeben von Bentele. G. / Piwinger, M. / Schönborn, G. Luchterhand, 2001, 1.02, 1–22

Beck, Ulrich: Risikogesellschaft. Auf dem Weg in eine andere Moderne. Frankfurt am Main 1986

Bentele, Günter / Rolke, Lothar (Hg.): Konflikte, Krisen und Kommunikationschancen in der Mediengesellschaft: Casestudies aus der PR-Praxis. Berlin 1998

Bentele, Günter / Fröhlich, Romy / Szyszka, Peter (Hg.): Handbuch der Public Relations. Wissenschaftliche Grundlagen und berufliches Handeln. Wiesbaden 2008

Brauer, Gernot: Mit Issue Management Organisationen in der Öffentlichkeit führen: Das Haus in Ordnung bringen – und das auch sagen. www.pr-guide.de, August 2002

Breuß, Cornelia: Die eCrisis Matrix als Hilfsmittel zur systematischen Internet-Krisenkommunikation. Wien 2002

Brockhöfer, Peer: Krisenkommunikation – In jedem Fall handlungsfähig. PR-Report, Mai 2003

Bühler, Heike: Krisenmanagement für Unternehmen durch PR. Regensburg 2000

Ditges, Florian / Höbel, Peter / Hoffmann, Thorsten: Krisenkommunikation. Konstanz 2008

Grünewald, Stephan / Strätling, Thomas: Psychologische Ansätze zur Krisenkommunikation. Vortrag am 15. Mai 2002 vor der Mitgliederversammlung des BSI in Hamburg. Rheingold Institut für qualitative Markt- und Medienanalysen

Guterman, Siegfried / Helbig, Michael: Konkurrenz oder Ergänzung – wie die Internet-Öffentlichkeit die Kommunikation verändert. Neue Chancen für die Öffentlichkeitsarbeit einer Bank – der doppelt integrierte Ansatz. In: Rolke, Lothar / Wolf, Volker (Hg.): Der Kampf um die Öffentlichkeit. Kiel 2002

Haebler, Elisabeth (Hg.): Risiko – Krise – Kommunikation. Ästhetik & Kommunikation, H. 116. Jg. 33. Berlin 2002

Heath, Robert L. / O Hair, H. Dan: Handbook of Risk and Crisis Communication. New York 2009.

Herbst, Dieter: Krisen meistern durch PR: Ein Leitfaden für Kommunikationspraktiker. Neuwied 1999

Hoffmann, Petra: Restrukturierung 2 – Erfolgskritische Kommunikation. In: Möhrle, Hartwin / Schulte, Knut (Hg.): Zwei für alle Fälle – Handbuch zur optimalen Zusammenarbeit von Juristen und Kommunikatoren. Frankfurt am Main 2011

Homuth, Sebastian: Wirksame Krisenkommunikation. Theorie und Praxis der Public Relations in Imagekrisen. Berlin 1997

Kalt, Gero: Issues Management in der Medienarbeit – Zur Identifizierung und Steuerung von Krisen- und Chancenthemen durch praxisnahe Begleitforschung. In: Kuhn, Michael / Kalt, Gero / Kinter, Achim (Hg.): Chefsache Issues Management. Frankfurt 2003

Kepplinger, Hans Mathias: Die Mechanismen der Skandalisierung. Die Macht der Medien und die Möglichkeiten der Betroffenen. München 2005

Klenk, Volker: Krisen-PR mit Hilfe von Krisenmodellen. PR-Report, Februar 1989

Klimke, Robert/ Schott, Barbara: Die Kunst der Krisen-PR. Paderborn 1993

Klimke, Robert/ Schott, Barbara: Kommunikation und Krisenmanagement. Zur Bewältigung kritischer Situationen. Düsseldorf 1997

Konken, Michael: Krisenkommunikation: Kommunikation als Mittel der Krisenbewältigung. Limburgerhof 2002

Konken, Michael: Krisenprävention in Deutschland. Vergleichende Studie über Vorhandensein und Anwendung von Krisen-Instrumenten in Unternehmen, Behörden und Verbänden. Berlin 2003

Laumer, Ralf / Pütz, Jürgen (Hg.): Krisen-PR in der Praxis – Wie Kommunikations-Profis mit Krisen umgehen. Münster 2006

Möhrle, Hartwin (Hg.): Krisen-PR – Krisen erkennen, meistern und vorbeugen. Frankfurt am Main 2007

Möhrle, Hartwin: Compliance und Kommunikation. In: A&B One Folio Eins. Frankfurt am Main 2010

Möhrle, Hartwin / Schulte, Knut (Hg): Zwei für alle Fälle – Handbuch zur optimalen Zusammenarbeit von Juristen und Kommunikatoren. Frankfurt am Main 2011

Reineke, Wolfgang / Pfeffer, Gerhard R.: Krisenmanagement: richtiger Umgang mit den Medien in Krisensituationen, Ursachen – Verhalten – Strategien – Techniken. Essen 1997

Roselieb, Frank: Frühwarnsysteme in der Unternehmenskommunikation. Manuskripte aus den Instituten für Betriebswirtschaftslehre der Universität Kiel, Nummer 512. Kiel 1999

SAFECOMMS-Handbuch Krisenkommunikation im Fall eines terroristischen Anschlags für öffentliche Institutionen und Behörden. www.safe-comms.eu, März 2011

Schmidt, Oliver: Grundlagen erfolgreicher Mitarbeiterkommunikation im Krisenfall. PR-Guide, Oktober 2003

Schulz, Jürgen: Management von Risiko- und Krisenkommunikation zur Bestandserhaltung und Anschlussfähigkeit von Kommunikationssystemen. Berlin 2001

Stolzenberg, Kathrin: Krisenkommunikation im Internet, Münster 2002

Strätling, Thomas: Die Psychologie der Krise. In: Möhrle, Hartwin (Hg.): Krisen-PR – Krisen erkennen, meistern und vorbeugen. Frankfurt am Main 2007, S. 30 ff.

Internetquellen

Bundesanstalt für Arbeitsschutz und Arbeitsmedizin: www.baua.de

Das Textdepot: http://thomaspleil.wordpress.com

GuttenPlag Wiki: http://de.guttenplag.wikia.com

ICSMS *(Internet-Supported Information and Communication System for the Pan-European Market Surveillance of Technical Products)* **Informationssystem der Markt-überwachungsbehörden:** http://icsms.org

Institute of Crisis Management: www.crisisexperts.com/

Krisennavigator: www.krisennavigator.de

RAPEX *(Rapid Exchange of Information System)***:** http://ec.europa.eu/consumers/dyna/rapex/rapex_archives_de.cfm

RASFF *(Rapid Alert System for Food and Feed)***:** http://ec.europa.eu/food/food/rapidalert/index_en.htm

PR-Journal: www.pr-journal.de

RiskNET: www.risknet.de/

Rückrufportale: www.lebensmittelwarnung.de, www.produktrueckrufe.de, www.garanbo.de, www.rueckrufaktion.net, www.cleankids.de

Sachwortverzeichnis

Abbildungsverzeichnis

PR-BIBLIOTHEK

BAND 4

PR-Bibliothek – Standardwerke der deutschen PR

Liebe Leserinnen und Leser,

die Krisenkommunikation ist zweifelsfrei eine der Königsdisziplinen der Public Relations. Selten sehen Unternehmenslenkern und Behördenleitern, Vereinsvorsitzenden oder Verbands-Chefs klarer, welche existenziell wichtige Rolle der Kommunikation zukommen kann. Zugleich besteht die Gefahr, in krisenhaften Situationen alleine auf Kommunikation zu setzen, anstatt sich der ursprünglichen Probleme anzunehmen und deren Lösung kommunikativ klug zu begleiten.

Petra Hoffmann und Hartwin Möhrle gelingt es, die besonderen Anforderungen an moderne Konflikt-, Risiko- und Krisenkommunikation verständlich aufzuzeigen, praxisnahe Lösungswege anzubieten und vor viel zu oft gemachten Fehlern zu warnen. Der vierte Band der PR-Bibliothek steht damit in der guten Tradition der depak-Bücher, theoretisches Wissen mit praktischen Erfahrungen zu anwendbaren Hinweisen zu verknüpfen.

Herausgeber dieses Bandes ist die Deutsche Presseakademie, eine der führenden Aus- und Weiterbildungsinstitutionen für das Berufsfeld Public Relations. Das Unternehmen sieht es als eine seiner primären Zielsetzungen an, die Professionalisierung der PR aktiv mitzugestalten. Vor diesem Hintergrund hat sich die Deutsche Presseakademie zur Aufgabe gemacht, sowohl PR-Praktikern, Quereinsteigern und Berufsanfängern eine Plattform zu bieten, mit der ein lebenslanger Erwerb von Kenntnissen und Erfahrungen unterstützt wird. Die Deutsche Presseakademie schafft dadurch neben den Studiengängen und Seminaren einen weiteren Zweig der Wissensvermittlung.

Christian Arns
Akademieleiter der Deutschen Presseakademie

Bereits erhältlich:

Band 1

HANDBUCH PR-RECHT

Auf ca. 550 Seiten mit über 1.600 Fundstellen präsentieren die seit Jahren im PR-Bereich tätigen Autoren – Rechtsanwälte Alexander Unverzagt und Claudia Gips – in 19 ausführlichen Kapiteln die rechtlichen Fallstricke in der PR-Kommunikation.

Alexander Unverzagt
Rechtsanwaltskanzlei Unverzagt – von Have
Claudia Gips
Rechtsanwaltskanzlei Unverzagt – von Have

Preis: **44,90 Euro** (zzgl. 2,95 Euro Versandkosten)
ISBN **978-3-942263-03-0**

Band 2

GRUNDLAGEN DER INTERNEN
UNTERNEHMENSKOMMUNIKATION

Der Band von Susanne Knorre und Ulrike Buchholz hilft, den gegenwärtigen und zukünftigen Herausforderungen in der Internen Unternehmenskommunikation besser gewachsen zu sein, und bietet einen vollständigen, in Modulen aufgebauten Leitfaden.

Ulrike Buchholz
Professorin für Unternehmenskommunikation, FH Hannover
Susanne Knorre
Unternehmensberaterin und Professorin am Institut für
Kommunikationsmanagement, FH Osnabrück

Preis: **29,90 Euro** (zzgl. 2,95 Euro Versandkosten)
ISBN **978-3-942263-04-7**

Bereits erhältlich:

Band 3

HANDBUCH REDENSCHREIBEN

Wie werden Reden als hochwirksames und effizientes PR-Instrument richtig genutzt? Der 3. Band der PR-Bibliothek richtet sich an PR-Profis und an alle, die sich mit der Herausforderung des Redenschreibens konfrontiert sehen und mehr erreichen wollen.

Friedhelm Franken
Journalist, Redenschreiber und Rhetorikexperte
Andreas Franken
Kommunikationsberater und Inhaber der Akademie für Management-Kommunikation und Redenschreiben

Preis: **39,90 Euro** (zzgl. 2,95 Euro Versandkosten)
ISBN **978-3-942263-11-5**

Band 5

PR-RATGEBER INTERVIEW

Die Autoren erklären das journalistische Interview mit seinen medienspezifischen Besonderheiten. Sie analysieren und entwickeln das Rollenverständnis für den Auftritt in den Medien. Beispiele für gelungene Interviews oder missratene Antworten lockern das Buch ebenso auf wie unterhaltsame Anekdoten aus der Medienwelt.

Christian Arns
Akademieleiter, Deutsche Presseakademie
Conrad Giller,
Berater, Giller & Partner

Preis: **29,90 Euro** (zzgl. 2,95 Euro Versandkosten)
ISBN **978-3-942263-04-7**